室外装修·公装·店装 数据尺寸轻松通

SHIWAI ZHUANGXIU GONGZHUANG DIANZHUANG
SHUJU CHICUN QINGSONGTONG

阳鸿钧 等 编著

化学工业出版社

·北京·

本书主要针对室外装饰装修、公装、店装，以及其他类似装饰装修工程，逐一列举了有关数据尺寸的重点、难点、盲点等，并用图表的方式进行讲解。本书主要内容包括材料、设备、结构数据尺寸，规范性数据尺寸，室外装饰装修数据尺寸，公装数据尺寸，店装数据尺寸，验收与监察数据尺寸等。本书内容全面，对室外、公装、店装常用数据与尺寸用图、表的形式标示罗列出来，让读者一目了然地知道相关数据与尺寸的来龙去脉，也能迅速查找到相关数据，既简单又实用。

　　本书可供装饰装修工程施工人员、设计人员、监督监理人员参考，也可供进城务工人员、相关院校师生、培训学校师生、装修工程公司员工等参考阅读。

图书在版编目（CIP）数据

　　室外装修·公装·店装数据尺寸轻松通/阳鸿钧等编著. —北京：化学工业出版社，2020.2（2021.11重印）
　　ISBN 978-7-122-36001-4

　　Ⅰ.①室… Ⅱ.①阳… Ⅲ.①室外装修-建筑设计
Ⅳ.①TU767.5

　　中国版本图书馆 CIP 数据核字（2020）第 013068 号

责任编辑：彭明兰　　　　　　文字编辑：毕小山
责任校对：宋　夏　　　　　　装帧设计：王晓宇

出版发行　化学工业出版社（北京市东城区青年湖南街 13 号
　　　　　　邮政编码 100011）
印　　装　天津盛通数码科技有限公司
880mm×1230mm　1/32　印张 10½　字数 314 千字
2021 年 11 月北京第 1 版第 2 次印刷

购书咨询：010-64518888　售后服务：010-64518899
网　　址：http://www.cip.com.cn
凡购买本书，如有缺损质量问题，本社销售中心负责调换。

定　　价：49.00 元　　　　　　　　　版权所有　违者必究

前 言

在室外装饰、公装（公共建筑、工程装饰装修）、店装（商店装饰装修），以及类似装饰装修工程的设计、选材、施工、监督等工作中，数据尺寸一直是很重要的因素。它体现了装饰装修的精准性，影响着装饰装修空间的美感、舒适感与安全性，也是装饰工程相关人员必备的常识与知识。有的数据尺寸是有关规范、标准等文件的强制性要求，是必须执行的要求；有的数据尺寸是判断工程质量等级的标准依据。

在室外装饰、公装、店装，以及类似其他装饰装修工程中，常用的数据尺寸众多且繁杂，因此，需要有一本能将这些繁杂的数据进行归类并能快速查找的图书。基于此，特编写了本书。

全书由 6 章组成，分别介绍了材料、设备、结构数据尺寸，规范性数据尺寸，室外装饰装修数据尺寸，公装数据尺寸，店装数据尺寸，验收与监察数据尺寸等，具有内容全面、实用性强、速查方便、易学易记等特点。

需要说明的是，装饰装修中涉及的一些数据尺寸不是硬性规定的唯一具体数值，具体工程中采取什么数值需要针对具体项目和实际情况来确定和调整。因此，本书中类似这些没有硬性规定的数据尺寸仅供参考，与读者实际遇到的很可能存在偏差。另外，厂家的成品产品、材料等往往品种繁多，数据尺寸也不可能是唯一的，本书也不可能一一列举，有的仅列举了案例。另外，由于存在有关标准、规范、要求、方法、通知等文件的更新、修订，以及出台新政策等情况，相关数据尺寸也会更新，因此，读者对于数据尺寸的学习与应用必须及时跟进现行的有关标准、规范和要求。

装饰装修工程中涉及的数据尺寸繁杂，我们尽力核查校对，但是由于工作量大，而且有的数据尺寸涉及标准、规范等要求，因此，本书数据尺寸仅供参考。

　　本书由阳鸿钧、阳育杰、阳许倩、杨红艳、许秋菊、欧小宝、许四一、阳红珍、许满菊、许应菊、唐忠良、许小菊、阳梅开、许鹏翔、阳苟妹、唐许静、欧凤祥、罗小伍等人员参加编写或支持编写。

　　同时，还得到了一些同行、朋友及有关单位的帮助，在此向他们表示衷心的感谢！

　　另外，在编写过程中，本书也参考了一些珍贵、文献，在此特意说明并向这些、文献的作者和单位深表谢意。

　　由于笔者水平和经验有限，书中错漏、不足之处在所难免，敬请广大读者批评指正。

编著者
2020 年 1 月

目录

第1章
材料、设备、结构数据尺寸

001

1.1 水泥和板材· / 001

1.1.1 水泥相关数据尺寸 / 001

1.1.2 白水泥相关数据 / 005

1.1.3 三维扣板规格数据 / 008

1.1.4 防火板规格数据 / 009

1.1.5 防水石膏板规格数据 / 009

1.1.6 三合板规格数据 / 010

1.1.7 防水板规格数据 / 011

1.1.8 刨花板常用原料的实积系数 / 012

1.1.9 装修木制品加工余量与圆榫规格尺寸、厚度偏差 / 012

1.1.10 装饰单板层压木质地板常见规格尺寸 / 013

1.1.11 木材平衡含水率 / 014

1.1.12 木质家具有害物质限量 / 015

1.1.13 瓷板常见规格与允许偏差 / 016

1.1.14 建筑装饰用铜及铜合金板材、带材代号与规格 / 016

1.2 门、窗、柱、帘· / 017

1.2.1 一般洞口与门窗框的间隙要求 / 017

1.2.2 铝合金门窗相关数据尺寸 / 018

1.2.3 防盗门相关数据尺寸 / 022

1.2.4 子母防盗门相关数据尺寸 / 022

1.2.5 电动平开、推拉围墙大门规格尺寸 / 023

1.2.6 电动伸缩围墙大门规格数据尺寸 / 024

1.2.7 推拉自动门有关规格、允许偏差、装配要求等数据尺寸 / 024

1.2.8　人行自动门运行速度要求 / 026

1.2.9　防火玻璃门相关数据尺寸 / 026

1.2.10　防火卷帘门相关数据尺寸 / 027

1.2.11　电梯门相关数据尺寸 / 028

1.2.12　落地窗相关数据尺寸 / 029

1.2.13　遮阳金属百叶帘尺寸规格与允许偏差 / 029

1.2.14　曲臂遮阳篷尺寸规格 / 030

1.2.15　遮阳天篷帘成品尺寸规格与允许偏差 / 031

1.2.16　罗马柱相关数据尺寸 / 031

1.3　桌、椅、台、柜 · / 032

1.3.1　餐桌、餐椅相关数据尺寸 / 032

1.3.2　电脑桌相关数据尺寸 / 033

1.3.3　写字台（书桌）相关数据尺寸 / 034

1.3.4　吧台相关数据尺寸 / 035

1.3.5　五斗柜相关数据尺寸 / 036

1.3.6　衣柜裤架相关数据尺寸 / 037

1.3.7　床头柜相关数据尺寸 / 038

1.4　床、灯、电器 · / 040

1.4.1　钢架床相关数据尺寸 / 040

1.4.2　单人床相关数据尺寸 / 040

1.4.3　架子床相关数据尺寸 / 041

1.4.4　高低床相关数据尺寸 / 041

1.4.5　榻榻米相关数据尺寸 / 042

1.4.6　筒灯相关数据尺寸 / 043

1.4.7　排气扇相关数据尺寸 / 043

1.5　瓦和砖 · / 044

1.5.1　彩色水泥瓦相关数据尺寸 / 044

1.5.2　玻璃砖相关数据尺寸 / 045

1.5.3　仿石砖相关数据尺寸 / 046

1.5.4　红砖相关数据尺寸 / 046

1.5.5　空心砖相关数据尺寸 / 047

1.5.6　煤矸石多孔砖相关数据尺寸 / 048

1.5.7　青砖相关数据尺寸 / 048

1.5.8　透水砖相关数据尺寸 / 049

1.6 卫浴设备、设施 · / 049

1.6.1 拖把池相关数据尺寸 / 049

1.6.2 小便斗安装相关数据尺寸 / 050

1.6.3 蹲便器相关数据尺寸 / 051

1.6.4 马桶坑距数据尺寸 / 052

1.6.5 墙排马桶规格与安装高度 / 052

1.6.6 浴缸相关数据尺寸 / 053

1.6.7 卫生间淋浴房相关数据尺寸 / 054

1.7 玻璃、镜子、其他 · / 055

1.7.1 衣柜穿衣镜相关数据尺寸 / 055

1.7.2 烤漆玻璃相关数据尺寸 / 056

1.7.3 建筑装饰用微晶玻璃规格尺寸允许偏差和平面度公差
要求 / 056

1.7.4 地弹簧规格尺寸 / 057

1.7.5 紫铜导流三通接头规格 / 058

1.7.6 石材的规格尺寸和强度等级 / 059

1.7.7 模数的种类与特点 / 059

1.7.8 基础埋深 / 060

1.7.9 民用建筑楼地面面层材料的一般厚度要求 / 060

1.7.10 室内防水工程防水层最小厚度要求 / 061

第2章

规范性数据尺寸

063

2.1 无障碍设施要求和建筑无障碍要求 · / 063

2.1.1 无障碍设施要求的相关数据 / 063

2.1.2 轮椅坡道的最大高度与水平长度要求 / 068

2.1.3 行进盲道的触感条规格与提示盲道的触感圆点规格 / 068

2.1.4 公共建筑无障碍要求的相关数据 / 070

2.2 安全疏散和安全避难要求 · / 072

2.2.1 A1类歌舞娱乐放映游艺场所的疏散距离 / 072

2.2.2　A1类儿童活动场所的疏散距离 / 073

2.2.3　A2类场所的疏散距离 / 073

2.2.4　A类场所内疏散通道最小净宽度要求 / 074

2.2.5　柜架式营业区域室内任何一点到最近安全出口的距离 / 074

2.2.6　商铺式营业区域的疏散距离 / 075

2.2.7　B、C类场所商业营业厅内疏散通道最小净宽度要求 / 075

2.2.8　设置1部疏散楼梯的公共建筑需要符合的条件数据 / 076

2.2.9　公共建筑的安全疏散距离 / 077

2.2.10　公共建筑内的净宽度要求 / 077

2.3　燃烧性能和耐火极限· / 080

2.3.1　建筑楼板的燃烧性能与耐火极限要求 / 080

2.3.2　民用建筑的耐火极限要求 / 081

2.3.3　大型商业建筑的耐火极限要求 / 082

2.4　人员密度要求· / 083

2.4.1　商店营业厅、建材商店、家具与灯饰展示建筑人员密度要求 / 083

2.4.2　B、C类场所商业营业厅的人员密度要求 / 084

2.4.3　其他商业营业厅的人员密度要求 / 084

2.5　安全出口宽度以及营业面积与辅助面积的比例要求· / 085

2.5.1　疏散走道等疏散门的宽度要求 / 085

2.5.2　商业建筑的营业面积与辅助面积的比例要求 / 086

2.6　节水要求· / 086

2.6.1　生活用水的节水用水定额 / 086

2.6.2　热水平均日节水用水定额 / 088

2.6.3　各类建筑物分项给水百分率的确定 / 090

2.7　节能要求· / 091

2.7.1　不同类型房间的人均占有建筑面积 / 091

2.7.2　常用建筑各类主要用房的采光系数标准值和最小窗地面积比 / 091

2.7.3　人员长时间停留房间内表面可见光反射比的要求 / 093

2.7.4　空气调节与供暖系统的日运行时间 / 093

2.7.5　照明功率密度值 / 093

2.7.6　不同类型房间电器设备的功率密度 / 094

2.7.7　集中供暖系统室内设计计算温度 / 094

2.8　新风量、通风卫生要求、噪声要求 · / 095

2.8.1　不同类型房间的人均新风量 / 095

2.8.2　高密人群建筑每人所需最小新风量 / 095

2.8.3　常用建筑各类主要用房的通风开口面积要求 / 096

2.8.4　新风口与污染源的最小间隔距离 / 097

2.8.5　民用建筑室内环境污染物浓度限量要求 / 097

2.8.6　室内二氧化碳浓度卫生标准值 / 098

2.8.7　设置集中空调通风系统的公共建筑室内新风量的要求 / 099

2.8.8　民用建筑各类主要用房的室内允许噪声级要求 / 099

第3章

室外装饰装修数据尺寸

101

3.1　室外材料 · / 101

3.1.1　外墙砖规格数据尺寸 / 101

3.1.2　室外装饰用木塑墙板的允许偏差与性能要求 / 102

3.1.3　户外用防腐实木地板的规格尺寸与允许偏差 / 103

3.1.4　不同规格尺寸防腐木的应用 / 103

3.1.5　建筑、园林景观工程用复合竹材的规格尺寸与允许偏差 / 104

3.1.6　泡沫仿真石的规格尺寸 / 105

3.2　室外桌、椅、凳 · / 105

3.2.1　桌、椅、凳概述 / 105

3.2.2　室外桌子规格尺寸 / 107

3.2.3　室外椅子规格尺寸 / 108

3.2.4　室外休息椅尺寸规格 / 109

3.2.5　室外园椅的相关数据尺寸 / 110

3.2.6　玻璃钢石头座椅的规格尺寸 / 112

3.2.7　折叠椅规格尺寸 / 112

3.3　室外灯和室外消火栓 · / 113

3.3.1　庭院灯的规格尺寸 / 113

3.3.2　草坪灯规格尺寸 / 115

3.3.3　室外消火栓相关数据尺寸 / 115

3.4　运动· / 120

3.4.1　体育用人造草的规格数据 / 120

3.4.2　室外塑胶跑道相关要求 / 121

3.4.3　室外沙滩排球用沙相关数据 / 122

3.4.4　室外秋千相关数据 / 123

3.4.5　室外乒乓球桌规格尺寸 / 124

3.4.6　室外健身器材规格尺寸 / 125

3.5　其他· / 127

3.5.1　室外太阳伞相关数据尺寸 / 127

3.5.2　室外花架规格尺寸 / 128

3.5.3　室外花箱（花盆）规格尺寸 / 128

3.5.4　室外垃圾桶规格尺寸 / 129

第4章

公装数据尺寸

131

4.1　办公与商业商场· / 131

4.1.1　办公家具数据尺寸规格 / 131

4.1.2　办公空间相关数据尺寸 / 137

4.1.3　办公会议室空场混响时间 / 138

4.1.4　商场营业厅常见数据尺寸 / 138

4.2　展厅、会展、馆建筑· / 139

4.2.1　图书馆、博物馆、美术馆、展览馆的卫生与环境要求 / 139

4.2.2　博物馆公众区域混响时间要求 / 140

4.2.3　博物馆供暖、通风与空气调节要求 / 141

4.2.4　博物馆楼地面的使用活荷载 / 142

4.2.5　博物馆陈列展览区等功能区建筑面积占总建筑面积的
　　　 比例 / 143

4.2.6　博物馆建筑的室内允许噪声级要求 / 143

4.2.7　博物馆建筑的采光要求 / 144

4.2.8　博物馆展厅展品的照度要求 / 144

4.2.9　博物馆卫生设施数量要求 / 145

4.2.10　博物馆展厅观众合理密度与展厅观众高峰密度 / 145

4.2.11　博物馆藏品保存环境的温度和相对湿度要求 / 146

4.2.12　博物馆藏品保存场所建筑构件的耐火极限 / 147

4.2.13　博物馆藏品库区每个防火分区的最大允许建筑面积 / 147

4.2.14　博物馆建筑其他相关数据 / 148

4.2.15　文化馆建筑的规模划分依据 / 151

4.2.16　文化馆用房室内允许噪声级的要求 / 151

4.2.17　文化馆其他相关数据 / 152

4.2.18　展览建筑相关数据 / 154

4.2.19　会展常用房间或场所的照明功率密度限值要求 / 156

4.2.20　会展建筑其他相关数据 / 156

4.3　教育建筑、学校 · / 158

4.3.1　校园总配变电站变压器容量指标 / 158

4.3.2　教育建筑的单位面积用电指标 / 159

4.3.3　教育建筑电子计算机的供电电源质量要求 / 160

4.3.4　教育建筑电气照明要求 / 161

4.3.5　教育建筑防雷与接地相关数据 / 165

4.3.6　教育建筑信息设施与信息应用相关数据 / 165

4.3.7　学校各教学用房室内允许的噪声级要求 / 166

4.3.8　学校隔声要求 / 167

4.3.9　学校各类教室空场混响时间 / 168

4.3.10　幼儿园的建设规模分类数据 / 169

4.3.11　幼儿园的面积指标数据 / 170

4.3.12　幼儿园配备玩具、教具的常见规格 / 171

4.3.13　幼儿园室内环境污染浓度限量要求 / 172

4.3.14　幼儿园其他相关数据尺寸 / 172

4.4　各类体育建筑与设施 · / 173

4.4.1　体育馆用木质地板的尺寸规格与允许偏差 / 173

4.4.2　体育场规模分级数据依据 / 174

4.4.3　体育建筑的照明灯具最低安装高度与光束投射角要求 / 175

4.4.4　体育建筑观众席尺寸 / 175

4.4.5　中小学校体育设施合成材料面层运动场地平均厚度 / 176

4.4.6　爬绳、爬杆器材的规格尺寸(中小学体育器材) / 176

4.4.7　软梯器材的规格尺寸(中小学体育器材) / 177

4.4.8　吊环器材的规格尺寸(中小学体育器材) / 177

4.4.9　攀网器材的规格尺寸(中小学体育器材) / 177

4.4.10　平行梯器材的规格尺寸(中小学体育器材) / 178

4.4.11　肋木架器材的规格尺寸(中小学体育器材) / 178

4.4.12　攀岩墙器材的规格尺寸(中小学体育器材) / 178

4.4.13　不具有杠面弹力性能的单杠器材的规格尺寸(中小学体育
器材) / 179

4.4.14　不具有杠面弹力性能的双杠器材的规格尺寸(中小学体育
器材) / 179

4.4.15　中学用单杠的基本尺寸参数（弹力型） / 180

4.4.16　小学用单杠的基本尺寸参数（弹力型） / 180

4.4.17　中学用双杠的基本尺寸参数（弹力型） / 181

4.4.18　小学用双杠的基本尺寸参数（弹力型） / 181

4.4.19　山羊的基本尺寸和极限偏差 / 182

4.4.20　乒乓球台的基本参数和尺寸 / 182

4.4.21　乒乓球台的物理性能 / 183

4.4.22　乒乓球台台脚与周边、地面的距离 / 183

4.4.23　跳远与三级跳远场地规格 / 184

4.4.24　跳高场地规格 / 184

4.4.25　撑竿跳高场地规格 / 185

4.4.26　中小学校跳高场地、器械相关数据尺寸 / 185

4.4.27　推铅球场地规格 / 186

4.4.28　中小学校推铅球场地相关数据尺寸 / 187

4.4.29　中小学校掷铁饼场地相关数据尺寸 / 188

4.4.30　羽毛球场地相关数据尺寸 / 189

4.4.31　中小学校羽毛球网相关数据尺寸 / 190

4.4.32　中小学校乒乓球场地相关数据尺寸 / 192

4.4.33　中小学校腰旗橄榄球场地相关数据尺寸 / 193

4.4.34　篮球架与篮球场地相关数据尺寸 / 194

4.4.35　排球场地规格数据尺寸 / 197

4.4.36　网球场地规格数据尺寸 / 198

4.4.37　足球场地相关数据尺寸 / 201

4.4.38　200m 室内标准跑道规格 / 204

4.4.39　400m 标准跑道规格 / 204

4.4.40　中小学校小型跑道规格 / 206

4.5　金融和医疗设施· / 207

4.5.1　金融设施低压配电系统的电气参数 / 207

4.5.2　金融建筑各类工作场所的照明标准值等要求 / 207

4.5.3　金融设施其他电气有关数据 / 208

4.5.4　医院候诊室卫生与环境要求 / 210

4.5.5　医院主要房间允许噪声级 / 210

4.6　饮食建筑· / 211

4.6.1　饮食建筑类型与分类依据数据 / 211

4.6.2　饮食建筑用餐区域每座最小使用面积 / 212

4.6.3　饮食建筑区域要求数据 / 213

4.6.4　饮食建筑室内参数要求 / 214

4.6.5　饮食建筑用餐区域厅内家具尺寸与相关距离 / 215

4.6.6　饮食建筑用餐区域与公共区域的室内净高、采光与通风
要求 / 218

4.6.7　饮食建筑厨房区域的相关数据尺寸 / 219

4.6.8　饮食建筑餐厅家具常见数据尺寸 / 220

4.6.9　饭店客房常见的数据尺寸 / 221

4.6.10　饭馆（餐厅）卫生与环境要求 / 222

4.7　游泳场所· / 223

4.7.1　游泳场所规模分类依据 / 223

4.7.2　游泳比赛池规格 / 223

4.7.3　游泳场所卫生与环境要求 / 224

4.8　园林景观和庭院· / 225

4.8.1　园林景观中车道的相关数据 / 225

4.8.2　树木植物相关数据 / 227

4.8.3　园林景观中其他相关数据 / 228

4.8.4　庭院常规数据尺寸 / 230

4.9　公共厕所· / 233

4.9.1　公共厕所尺寸与数量要求 / 233

4.9.2　公共厕所卫生设施的设置 / 235

4.9.3　厕所间平面净尺寸要求 / 237

4.9.4　公共厕所卫生洁具的要求与布置 / 238

4.9.5　公共厕所排水管道管径和坡度要求 / 240

4.9.6　固定式公共厕所 / 240

4.9.7　活动式公共厕所 / 241

4.10　公共浴室和娱乐场所· / 242

4.10.1　公共浴室卫生与环境要求 / 242

4.10.2　文化娱乐场所卫生与环境要求 / 243

4.10.3　文化娱乐场所其他相关数据尺寸 / 244

4.10.4　KTV包房的面积大小 / 245

4.10.5　美食娱乐城有关电器、开关、插座的参考数据尺寸 / 246

4.10.6　酒吧间内客席的要求 / 247

4.10.7　网吧插座、开关高度 / 247

4.11　旅店和公共交通等候室· / 248

4.11.1　旅店客房卫生与环境要求 / 248

4.11.2　公共用品清洗消毒判定标准 / 249

4.11.3　公共交通等候室卫生与环境要求 / 250

第5章

251

店装数据尺寸

5.1　店装基础性数据· / 251

5.1.1　商店建筑的规模 / 251

5.1.2　社区商业 / 252

5.1.3　商店（场）、书店卫生与环境要求 / 253

5.1.4　商店楼梯梯段最小净宽、踏步最小宽度和最大高度
　　　　要求 / 254

5.1.5　商店营业厅内通道的最小净宽度要求 / 254

5.1.6　商店营业厅的净高 / 255

5. 1. 7　商店货架或堆垛间的通道净宽度 / 255

5. 1. 8　商店与零售业态的单位建筑面积用电指标 / 256

5. 1. 9　商店低压配电相关数据 / 257

5. 1. 10　商店照明相关数据 / 258

5. 1. 11　商店建筑相关数据 / 261

5. 2　理发店、美容店 · / 262

5. 2. 1　理发店、美容店卫生与环境要求 / 262

5. 2. 2　美容店（院）常见灯具与插座参考定位数据尺寸 / 263

5. 2. 3　美容店或理发店冷、热水主管的管径与洗头床的数量 / 263

5. 3　服装店 · / 264

5. 3. 1　服装店橱窗尺寸 / 264

5. 3. 2　服装店试衣间尺寸 / 265

5. 3. 3　服装店货架尺寸 / 266

5. 4　火锅店 · / 267

5. 4. 1　火锅店电器、设备装修安装方式数据尺寸 / 267

5. 4. 2　火锅店设备、设施相关数据尺寸 / 268

5. 5　咖啡店和小型超市 · / 269

5. 5. 1　咖啡店（厅）客席区面积要求 / 269

5. 5. 2　小型超市设备安装参考方式 / 269

第6章

271

验收与监察数据尺寸

6. 1　结构层、装修木制品与台面验收 · / 271

6. 1. 1　公共建筑装饰基层表面的允许偏差 / 271

6. 1. 2　找平层、保护层的允许偏差 / 272

6. 1. 3　台面平整度、挡水板与墙体缝隙的允许偏差 / 272

6. 1. 4　装修木制品允许偏差 / 273

6. 2　隔断工程 · / 273

6. 2. 1　隔断工程的允许偏差 / 273

6. 2. 2　隔板安装的允许偏差 / 274

6.2.3　板材隔墙安装的允许偏差 / 274

6.2.4　玻璃隔墙安装的允许偏差 / 275

6.2.5　骨架隔墙安装的允许偏差 / 276

6.2.6　活动隔墙安装的允许偏差 / 276

6.3　门窗工程·/ 277

6.3.1　木门窗制作的允许偏差 / 277

6.3.2　木门窗安装的留缝限值和允许偏差 / 277

6.3.3　门窗套安装的允许偏差 / 278

6.3.4　窗帘盒、窗台板安装的允许偏差 / 278

6.3.5　塑料门窗安装的允许偏差 / 279

6.3.6　铝合金门窗安装的允许偏差 / 280

6.3.7　自动门安装的留缝限值和允许偏差 / 281

6.3.8　自动门的感应时间限值 / 282

6.3.9　旋转门安装的允许偏差 / 282

6.3.10　电动平开、推拉围墙大门门体组装允许偏差 / 282

6.3.11　轻型金属卷门窗深度、尺寸偏差、形位公差、绝缘电阻
要求 / 283

6.4　抹灰与涂饰工程·/ 284

6.4.1　高级抹灰的允许偏差 / 284

6.4.2　水性涂料涂饰工程的允许偏差 / 284

6.4.3　美术涂料涂饰工程允许偏差 / 285

6.5　板材安装工程·/ 285

6.5.1　木饰面板安装的允许偏差 / 285

6.5.2　陶瓷板安装的允许偏差 / 286

6.5.3　塑料板安装的允许偏差 / 286

6.5.4　玻璃板安装的允许偏差 / 287

6.5.5　石材板安装的允许偏差 / 288

6.5.6　金属板安装的允许偏差 / 288

6.6　吊顶工程·/ 289

6.6.1　纸面石膏板、木质饰面板吊顶工程安装的允许偏差 / 289

6.6.2　纤维类块材饰面板吊顶工程安装的允许偏差 / 289

6.6.3　玻璃吊顶工程安装的允许偏差 / 290

6.6.4　石材吊顶工程安装的允许偏差 / 290

6.6.5　金属板吊顶工程安装的允许偏差 / 291

6.6.6　格栅吊顶工程安装的允许偏差 / 291

6.7　面层工程· / 292

6.7.1　木地板面层铺设允许偏差 / 292

6.7.2　板块地面面层的允许偏差 / 292

6.7.3　楼梯踏步面层镶嵌的允许偏差 / 293

6.7.4　内墙饰面砖粘贴允许偏差 / 294

6.7.5　变形缝面层制作与安装工程的允许偏差 / 294

6.8　采光顶与屋面工程· / 295

6.8.1　点支承采光顶安装允许偏差 / 295

6.8.2　采光顶工程框支承采光顶框架构件安装的允许偏差 / 295

6.8.3　采光顶工程框支承隐框采光顶框架构件安装的允许偏差 / 296

6.8.4　金属平板屋面安装的允许偏差 / 297

6.8.5　直立锁边式金属屋面面板安装的允许偏差 / 298

6.9　幕墙工程· / 298

6.9.1　单元式幕墙单元连接件安装的允许偏差 / 298

6.9.2　单元式幕墙安装的允许偏差 / 299

6.9.3　隐框、半隐框玻璃幕墙安装的允许偏差 / 299

6.9.4　明框玻璃幕墙安装的允许偏差 / 300

6.9.5　点支承玻璃幕墙支承结构安装允许偏差 / 301

6.9.6　点支承玻璃幕墙玻璃面板安装质量允许偏差 / 301

6.9.7　点支承玻璃幕墙安装的允许偏差 / 302

6.9.8　全玻璃幕墙施工允许偏差 / 302

6.9.9　陶板幕墙安装的允许偏差 / 303

6.9.10　石材幕墙安装的允许偏差 / 304

6.9.11　金属板幕墙安装的允许偏差 / 305

6.10　仿古建工程· / 306

6.10.1　仿古建工程异形砌体的允许偏差 / 306

6.10.2　仿古建工程干摆、丝缝墙的允许偏差 / 307

6.10.3　仿古建工程石砌体的允许偏差 / 308

6.10.4　仿古建工程摆砌花瓦的允许偏差 / 308

6.10.5　仿古建工程琉璃饰面安装的允许偏差 / 309

6.10.6 仿古建工程仿古面砖镶贴的允许偏差 / 310

6.10.7 仿古建工程墙帽工程的允许偏差 / 310

6.10.8 仿古建工程石构件安装的允许偏差 / 311

6.10.9 仿古建工程花罩安装的允许偏差 / 312

6.10.10 仿古建工程碧纱橱安装的允许偏差 / 312

6.10.11 仿古建工程天花、藻井安装允许偏差 / 312

6.10.12 仿古建工程四道灰和麻布地仗的允许偏差 / 313

6.10.13 仿古建工程直线沥粉允许偏差 / 313

6.10.14 仿古建工程刷饰色彩的允许偏差 / 314

6.11 其他 · / 314

6.11.1 护栏、扶手安装的允许偏差 / 314

6.11.2 装饰线、花饰安装的允许偏差 / 315

6.11.3 检修口安装工程的允许偏差 / 315

6.11.4 软包工程安装的允许偏差 / 316

6.11.5 民用建筑室内环境污染物的检查 / 316

318

部分参考文献

第 1 章
材料、设备、结构数据尺寸

1.1 水泥和板材

1.1.1 水泥相关数据尺寸

1.1.1.1 基本知识

普通硅酸盐水泥适用于制造地上、地下和水中的混凝土、钢筋混凝土以及预应力混凝土结构。普通硅酸盐水泥属于通用硅酸盐水泥的一种。通用硅酸盐水泥的组分见表 1-1。

表 1-1　通用硅酸盐水泥的组分

品种	代号	组分/%				
		熟料＋石膏	粒化高炉矿渣	火山灰质混合材料	粉煤灰	石灰石
硅酸盐水泥	P·Ⅰ	100	—	—	—	—
	P·Ⅱ	≥95	≤5	—	—	—
		≥95	—	—	—	≤5
普通硅酸盐水泥	P·O	≥80，且＜95	＞5，且≤20			—

续表

品种	代号	组分/%				
		熟料+石膏	粒化高炉矿渣	火山灰质混合材料	粉煤灰	石灰石
粉煤灰硅酸盐水泥	P·F	≥60,且<80	—		>20,且≤40	—
复合硅酸盐水泥	P·C	≥50,且<80	>20,且≤50			
矿渣硅酸盐水泥	P·S·A	≥50,且<80	>20,且≤50	—	—	—
	P·S·B	≥30,且<50	>50,且≤70	—	—	—
火山灰质硅酸盐水泥	P·P	≥60,且<80		>20,且≤40		

通用硅酸盐水泥的化学指标见表 1-2。

表 1-2　通用硅酸盐水泥的化学指标

品种	代号	不溶物（质量分数）/%	烧失量（质量分数）/%	三氧化硫（质量分数）/%	氧化镁（质量分数）/%	氯离子（质量分数）/%
硅酸盐水泥	P·Ⅰ	≤0.75	≤3.0	≤3.5	≤5.0	
	P·Ⅱ	≤1.50	≤3.5			
普通硅酸盐水泥	P·O	—	≤5.0			
矿渣硅酸盐水泥	P·S·A	—	—	≤4.0	≤6.0	≤0.06
	P·S·B	—	—		—	
火山灰质硅酸盐水泥	P·P	—	—	≤3.5	≤6.0	
粉煤灰硅酸盐水泥	P·F	—	—			
复合硅酸盐水泥	P·C	—	—			

通用硅酸盐水泥的强度等级见表 1-3。

表 1-3　通用硅酸盐水泥的强度等级

类型	强度等级
硅酸盐水泥	42.5、42.5R、52.5、52.5R、62.5、62.5R
矿渣硅酸盐水泥、火山灰质硅酸盐水泥、粉煤灰硅酸盐水泥、复合硅酸盐水泥	32.5、32.5R、42.5、42.5R、52.5、52.5R
普通硅酸盐水泥	42.5、42.5R、52.5、52.5R

1.1.1.2　图例

袋装普通硅酸盐水泥如图 1-1 所示。

普通硅酸盐水泥

图 1-1　袋装普通硅酸盐水泥

1.1.1.3　一点通

水泥标号的内容有水泥凝固后的强度和水泥凝固的速度。水泥的强度表示单位面积能够承受力的大小，即水泥加水拌和后，经凝结、硬化后的坚实程度。水泥的强度是确定水泥标号的指标，也是选用水泥的主要依据。水泥选用的参考方法见表 1-4。

表 1-4　水泥选用的参考方法

类型	混凝土工程特点、所处环境条件	优先选用	可以选用	不宜选用
普通混凝土	一般气候环境中	普通硅酸盐水泥	火山灰质硅酸盐水泥、粉煤灰硅酸盐水泥、矿渣硅酸盐水泥、复合硅酸盐水泥	—
	干燥环境中	普通硅酸盐水泥	矿渣硅酸盐水泥	火山灰质硅酸盐水泥、粉煤灰硅酸盐水泥
	高湿度环境中或长期处于水中	火山灰质硅酸盐水泥、粉煤灰硅酸盐水泥、矿渣硅酸盐水泥、复合硅酸盐水泥	普通硅酸盐水泥	—
	厚大体积的混凝土	火山灰质硅酸盐水泥、粉煤灰硅酸盐水泥、矿渣硅酸盐水泥、复合硅酸盐水泥	普通硅酸盐水泥	硅酸盐水泥
有特殊要求的混凝土	要求快硬、高强（＞C40）	硅酸盐水泥	普通硅酸盐水泥	火山灰质硅酸盐水泥、矿渣硅酸盐水泥、粉煤灰硅酸盐水泥、复合硅酸盐水泥
	严寒地区的露天区域、寒冷地区处于水位升降范围内	普通硅酸盐水泥	矿渣硅酸盐水泥（强度等级＞32.5）	火山灰质硅酸盐水泥、粉煤灰硅酸盐水泥
	严寒地区处于水位升降范围内	普通硅酸盐水泥（强度等级＞42.5）	—	矿渣硅酸盐水泥、火山灰质硅酸盐水泥、粉煤灰硅酸盐水泥、复合硅酸盐水泥

续表

类型	混凝土工程特点、所处环境条件	优先选用	可以选用	不宜选用
有特殊要求的混凝土	有抗渗要求的混凝土	普通硅酸盐水泥、火山灰质硅酸盐水泥	—	矿渣硅酸盐水泥、粉煤灰硅酸盐水泥
	有耐磨性要求	硅酸盐水泥、普通硅酸盐水泥	矿渣硅酸盐水泥（强度等级＞32.5）	火山灰质硅酸盐水泥、粉煤灰硅酸盐水泥
	受侵蚀性介质作用	火山灰质硅酸盐水泥、矿渣硅酸盐水泥、粉煤灰硅酸盐水泥、复合硅酸盐水泥	—	硅酸盐水泥、普通硅酸盐水泥

1.1.2 白水泥相关数据

1.1.2.1 基本知识

白水泥是白色硅酸盐水泥的简称。白水泥主要用于白瓷片的勾缝。因其强度不高，一般不用于墙面。

白色硅酸盐水泥是由白色硅酸盐水泥熟料，加入适量石膏与混合材料磨细制成的一种水硬性胶凝材料。白色硅酸盐水泥的分级见表1-5。

表 1-5 白色硅酸盐水泥的分级

分级依据	类型
根据强度分	32.5级、42.5级、52.5级
根据白度分	1级（代号 P·W-1）、2级（代号 P·W-2）

白色硅酸盐水泥组分与材料的含量、化学成分与物理性能的要求见表1-6。

表 1-6　白色硅酸盐水泥组分与材料的含量、化学成分与物理性能的要求

项目	要求	要求解说
1 级白度的要求	≥89%	1 级白度不小于 89%
2 级白度的要求	≥87%	2 级白度不小于 87%
初凝时间的要求	≥45min	初凝时间不小于 45min
放射性内照射指数	≤1	放射性内照射指数不大于 1
放射性外照射指数	≤1	放射性外照射指数不大于 1
氯离子要求	≤0.06%	化学成分氯离子不大于 0.06%
三氧化硫要求	≤3.5%	化学成分三氧化硫不大于 3.5%
熟料与石膏含量	70%～100%	白色硅酸盐水泥熟料与石膏的含量之和为 70%～100%
熟料中氧化镁含量	≤5%	白色硅酸盐水泥熟料中氧化镁的含量不宜超过 5%
天然矿物含量	0～30%	石灰岩、白云质石灰岩、石英砂等天然矿物的含量为 0～30%
终凝时间要求	≤600min	终凝时间不大于 600min
助磨剂含量	≤0.5%	水泥粉磨时允许加入助磨剂，其加入量不超过水泥质量的 0.5%

白色硅酸盐水泥的不同龄期强度要求见表 1-7。

表 1-7　白色硅酸盐水泥的不同龄期强度要求

强度等级	抗压强度/MPa		抗折强度/MPa	
	3d	28d	3d	28d
32.5	≥12.0	≥32.5	≥3.0	≥6.0
42.5	≥17.0	≥42.5	≥3.5	≥6.5
52.5	≥22.0	≥52.5	≥4.0	≥7.0

单掺高标号白水泥时，可以根据等量取代原则以及表 1-8 的方法来确定高标号白水泥的合适掺量。

表 1-8　单掺高标号白水泥的合适掺量

结构	掺量
大体积混凝土或有严格温升限制的混凝土结构	50%～65%
地上结构以及有较高早期强度要求的混凝土结构	一般为 20%～30%
地下结构、强度要求中等的混凝土结构	一般为 30%～50%
有较高耐久性能要求的特殊混凝土结构（如海工防腐蚀结构、污水处理设施等）	50%～70%

1.1.2.2　图例

袋装白水泥如图 1-2 所示。

图 1-2　袋装白水泥

1.1.2.3　一点通

白水泥可以袋装或散装，袋装水泥每袋净含量一般为 50kg。水泥袋上一般会清楚标明执行标准、水泥品种、代号、强度等级、生产者名称、生产许可证标志、出厂编号、包装日期、净含量等信息。

装修中应注意黑水泥与白水泥不能混用。

1.1.3　三维扣板规格数据

1.1.3.1　基本知识

三维扣板规格数据尺寸见表 1-9。

表 1-9　三维扣板规格数据尺寸　　　　　单位：mm

项目	规格数据尺寸
一般情况下使用的三维扣板规格（长度×宽度×厚度）	300×300×0.7
三维扣板其他规格（长度×宽度×厚度）	300×300×0.7、300×150×0.7、300×600×0.7、500×500×0.7 等

1.1.3.2　图例

300mm×300mm 的三维扣板尺寸规格图例如图 1-3 所示。

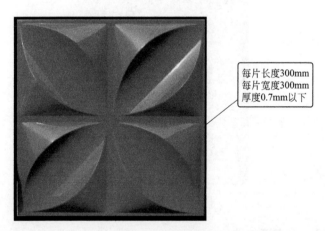

每片长度300mm
每片宽度300mm
厚度0.7mm以下

图 1-3　300mm×300mm 的三维扣板尺寸规格图例

1.1.3.3　一点通

三维扣板也可以根据需求定制尺寸，但应尽量使用常规尺寸，以便于施工。三维扣板的厚度也有 0.5mm 以下的。

1.1.4 防火板规格数据

1.1.4.1 基本知识

防火板规格数据见表 1-10。

表 1-10 防火板规格数据 单位：mm

项目	规格数据尺寸
防火板的厚度	0.6、0.8、1、1.2 等
防火板基材的厚度	16、18 等
建筑、家具制作中应用较多的防火板规格	主要为 2440×1220、2135×915、2440×915 等
压贴后防火板的厚度	17、19 等

1.1.4.2 图例

防火板图例如图 1-4 所示。

结构层示意

图 1-4 防火板图例

1.1.4.3 一点通

防火板是在木质基材上压贴防火贴面制作而成的。一般来说，防火板越厚，其价位也越高。另外，防火板的厚度也可以定制。

防火板可以分为高光板、亚光板、素色板、仿石材板、仿木材板、金属色板等种类。

1.1.5 防水石膏板规格数据

1.1.5.1 基本知识

防水石膏板规格数据见表 1-11。

表 1-11　防水石膏板规格数据　　　　　单位：mm

项目	规格数据尺寸
常见厚度	9、12 等
常见厚度（英制尺寸）	9.5、12、15 等
常见规格（常见定制长度）	1800、2100、2400、2700 等
常见规格（常见定制宽度）	900、1200 等
常见规格（公制尺寸）	1200×2400、1200×3000 等
常见规格（英制尺寸）	1220×2440 等

1.1.5.2　图例

12mm 厚防水石膏板图例如图 1-5 所示。

图 1-5　12mm 厚防水石膏板图例

1.1.5.3　一点通

石膏板广泛用于办公楼、商店、旅馆等各种建筑物的内隔墙、墙体覆面板、地面基层板、天花板、吸声板、装饰板等。耐水纸面石膏板还适用于卫生间、厨房、浴室等连续相对湿度不超过 95% 的场所。

另外，防水石膏板的厚度还可以定制。在定做防水石膏板时，需要确定好尺寸大小，以免裁剪掉不合尺寸的部分造成不必要的浪费。

1.1.6　三合板规格数据

1.1.6.1　基本知识

三合板规格数据见表 1-12。

表 1-12　三合板规格数据　　　　　单位：mm

项目	规格数据尺寸
常见三合板的长度	1200 等
常见三合板的厚度	2.7～21
常见三合板的宽度	1220、2440 等
加大尺寸的三合板规格	1200×2440×21、1200×2440×25 等
最常见的三合板规格	1220×2440×5、1220×2440×8、1220×2400×12、1220×2440×15、1200×2440×18 等

1.1.6.2　一点通

三合板是由三层不同的薄木板粘贴压制而成的一种板材。三合板制作中使用了胶黏剂，而胶黏剂含有甲醛等有害物质。

三合板没有统一规定的尺寸，各个厂家生产的规格都是不同的，可以根据实际需求定制不同规格尺寸的三合板。

一般而言，三合板越厚，板材的强度就越大。三合板的价格一般由其品牌、厚度、材质、购买地区等因素决定。选购三合板时，最好选购 E0 级环保标准的产品。三合板有正面、反面之分。面板要求做到光洁平滑。如果面板毛糙不平，则说明原材、工艺不好，材质质量不佳。另外，如果三合板出现脱胶，则说明其质量可能存在问题。

1.1.7　防水板规格数据

1.1.7.1　基本知识

防水板的规格数据见表 1-13。

表 1-13　防水板规格数据　　　　　单位：mm

项目	规格数据
长度	500～1800、2400、2800、3000、3400、4000、5000、6000 等
厚度	3～8、12～18、20～25 等
宽度	500、600、1100～1900 等

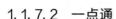

1.1.7.2　一点通

　　防水板的规格比较多，根据长度、宽度、厚度不同，其尺寸有多种划分。防水板的类型也有多种：PVC 防水板具有防蛀、保温、防水等作用；抗倍特板是一种具有三聚氰胺树脂涂层的复合防水板，防水且耐用；彩钢防水板是在钢板上面加一层有机涂层，从而具有防水、耐腐蚀等作用。

1.1.8　刨花板常用原料的实积系数

　　刨花板常用原料的实积系数见表 1-14。

表 1-14　刨花板常用原料的实积系数

原料种类	实积系数
板皮、板条	0.5
工厂刨花	0.2
锯屑	0.25
木片	0.35
枝丫材	0.3
直径大于或等于 200mm 的造材剩余物	0.7
直径小于 200mm 的造材剩余物和小径材	0.6

1.1.9　装修木制品加工余量与圆榫规格尺寸、厚度偏差

　　装修木制品锯材构件生产加工余量参考见表 1-15。装修木制品圆榫规格尺寸见表 1-16。

表 1-15　装修木制品锯材构件生产加工余量参考

项目	长度/mm	宽、厚度/mm	
端头有单榫头时	5～10	单面刨床	
端头有双榫头时	8～16	长度≤1m 时	长度>1m 时

续表

项目	长度/mm	宽、厚度/mm	
端头无榫头时	5~8	1~2	3
指接的毛料	10~16 (不包括榫)	双面刨床	
		长度≤2m时	长度>2m时
—	—	2~3/单面	4~6/单面
—	—	四面刨床	
		长度≤2m时	长度>2m时
—	—	1~2/单边	2~3/单边

表 1-16　装修木制品圆榫规格尺寸　　单位：mm

被接合的构部件厚度	圆榫长度	圆榫直径
10~12	16	4
12~15	24	6
15~20	32	8
20~24	30~40	10
24~30	36~48	12
30~36	42~56	14
36~40	56~64	16

装修木制品人造板表面应做砂光处理，砂光处理后人造板的厚度允许偏差要求见表 1-17。

表 1-17　砂光处理后人造板的厚度允许偏差要求　　单位：mm

项目	中密度纤维板	刨花板	胶合板
厚度偏差	0.2~0.3	0.2~0.3	0.3

1.1.10　装饰单板层压木质地板常见规格尺寸

装饰单板层压木质地板常见规格尺寸见表 1-18。

表 1-18　装饰单板层压木质地板常见规格尺寸　单位：mm

长度	宽度	厚度
400~1500	70~200	8~18

注：经供需双方协商可生产其他规格尺寸的产品。

1.1.11　木材平衡含水率

木材平衡含水率见表 1-19。

表 1-19　木材平衡含水率

省市名称	平均含水率/%		
	最大	最小	平均
黑龙江	14.9	12.5	13.6
吉林	14.5	11.3	13.1
辽宁	14.5	10.1	12.2
新疆	13.0	7.5	10.0
青海	13.5	7.2	10.2
甘肃	13.9	8.2	11.1
宁夏	12.2	9.7	10.6
陕西	15.9	10.6	12.8
内蒙古	14.7	7.7	11.1
山西	13.5	9.9	11.4
河北	13.0	10.1	11.5
山东	14.8	10.1	12.9
江苏	17.0	13.5	15.3
安徽	16.5	13.3	14.9
浙江	17.0	14.4	16.0
江西	17.0	14.2	15.6
福建	17.4	13.7	15.7
河南	15.2	11.3	13.2

续表

省市名称	平均含水率/%		
	最大	最小	平均
湖北	16.8	12.9	15.0
湖南	17.0	15.0	16.0
广东	17.8	14.6	15.9
海南	19.8	16.0	17.6
广西	16.8	14.0	15.5
四川	17.3	9.2	14.3
贵州	18.4	14.4	16.3
云南	18.3	9.4	14.3
西藏	13.4	8.6	10.6
北京	11.4	10.8	11.1
天津	13.0	12.1	12.6
上海	17.3	13.6	15.6
重庆	18.2	13.6	15.8
全国	—	—	13.4

1.1.12 木质家具有害物质限量

木质家具使用的人造板、胶黏剂、油漆等材料是室内空气污染的主要污染源。其有害物质限量见表 1-20。

表 1-20 木质家具有害物质限量

项目		限量值
重金属含量（限色漆）/(mg/kg)	可溶性铅	≤90
	可溶性镉	≤75
	可溶性铬	≤60
	可溶性汞	≤60
甲醛释放量/(mg/L)		≤1.5

1. 1. 13　瓷板常见规格与允许偏差

瓷板常见规格见表 1-21。瓷板常见规格允许偏差见表 1-22。

表 1-21　瓷板常见规格　　　　单位：mm

公称尺寸	规格尺寸		
	宽度	长度	厚度
650×900	644	894	13
800×800	794	794	13
1000×1000	994	994	13
800×1200	794	1194	13

表 1-22　瓷板常见规格允许偏差

项目	允许偏差值		检查方法
	瓷质饰面用瓷板	瓷质地面用瓷板	
边直度	±1mm	±1mm	—
直角度	±0.2%	±0.2%	—
中心弯曲度	±2mm	±2mm	—
翘曲度	±2mm	±2mm	—
长度、宽度	−1.5mm	−1.5mm	用钢尺检查
厚度	+1mm −0.5mm	+1mm −3mm	用最小读数为 0.02mm 的游标卡尺检查

1. 1. 14　建筑装饰用铜及铜合金板材、带材代号与规格

建筑装饰用铜及铜合金板材、带材代号与规格等见表 1-23。

表 1-23　建筑装饰用铜及铜合金板材、带材代号与规格

牌号	代号	状态	品种	规格		
				厚度/mm	宽度/mm	长度/mm
H68 H65 H62	T26300 C27000 T27600	软化退火（O60） 1/2 硬（H02） 硬（H04）	板材	0.2～<0.5	≤600	≤4000
				0.5～5.0	≤1250	
			带材	0.2～<0.5	≤600	—
				0.5～3.0	≤1250	—
BZn14-24	T76260	软化退火（O60） 1/2 硬（H02）	带材	0.5～3.0	≤640	
T2	T11050	软化退火（O60） 1/4 硬（H01） 1/2 硬（H02） 硬（H04）	板材	0.2～<0.5	≤600	≤4000
				0.5～5.0	≤1250	
			带材	0.2～<0.5	≤600	
				0.5～3.0	≤1250	

注：其他状态和规格的板材与带材可经供需双方协商确定。

1.2　门、窗、柱、帘

1.2.1　一般洞口与门窗框的间隙要求

1.2.1.1　基本知识

一般洞口与门窗框间隙的宽度与外饰面材料及其厚度有关，具体见表 1-24。

表 1-24　洞口与门窗框间隙的要求

墙体饰面层材料	洞口与门窗框间隙/mm
贴釉面瓷砖	20～25
贴大理石或花岗石板	40～50

续表

墙体饰面层材料	洞口与门窗框间隙/mm
外保温墙体	保温层厚度＋10
清水墙及附框	10
水泥砂浆或贴陶瓷锦砖	15～20

1.2.1.2　一点通

当饰面为石材时，缝隙宽可以根据实际变动，饰面层厚度能够盖过缝隙 5～10mm 即可，但是又不能够压盖框料过多。

当外墙有外保温时，需要根据保温层厚度留出缝隙或设钢附框。

门窗设计可以采用以 3M 为基本模数的标准洞口系列。在混凝土砌块建筑中，门窗洞口尺寸可以用 1M 为基本模数，并且需要与砌块组合的尺寸相协调。

1.2.2　铝合金门窗相关数据尺寸

1.2.2.1　基本知识

铝合金门窗是采用铝合金建筑型材制作框、扇杆件结构的门窗的总称。铝合金门窗的尺寸要求见表 1-25。

表 1-25　铝合金门窗的尺寸要求　　　单位：mm

项目	尺寸要求
每个开启窗扇下框处需要设置的两个承受玻璃重力的铝合金或不锈钢托条的长度	≥50
每个开启窗扇下框处需要设置的两个承受玻璃重力的铝合金或不锈钢托条的厚度	≥2
外窗主型材截面主要受力部位基材的最小实测壁厚	≥1.4
外门主型材截面主要受力部位基材的最小实测壁厚	≥2

门窗框扇铝合金型材表面擦伤、划伤要求见表 1-26。

表 1-26　门窗框扇铝合金型材表面擦伤、划伤要求

项目	室内侧要求	室外侧要求
擦伤总面积/mm²	≤300	≤500
划伤总长度/mm	≤100	≤150
擦伤和划伤数量/处	≤3	≤4
擦伤和划伤深度	不大于表面处理层厚度	不大于表面处理层厚度

铝合金门窗框扇装配尺寸偏差、形状允许偏差、框扇组装尺寸偏差等要求见表 1-27。

表 1-27　框扇组装尺寸偏差等要求　　　　单位：mm

项目	尺寸范围	窗允许偏差	门允许偏差
门窗框与扇搭接宽度	—	±1.0	±2.0
框、扇杆件装配间隙	—	≤0.3	≤0.3
框、扇杆件接缝高低差	相同截面型材	≤0.3	≤0.3
	不同截面型材	≤0.5	≤0.5
门窗宽度、高度构造内侧尺寸	<2000	±1.5	±1.5
	≥2000，且<3500	±2.0	±2.0
	≥3500	±2.5	±2.5
门窗宽度、高度构造内侧尺寸对边尺寸之差	<2000	≤2.0	≤2.0
	≥2000，且<3500	≤3.0	≤3.0
	≥3500	≤4.0	≤4.0

铝合金门窗其他数据见表 1-28。

表 1-28　铝合金门窗其他数据　　　　单位：mm

项目	尺寸要求
55 系列、60 系列、70 系列、90 系列推拉铝合金窗基本窗洞的高度	900、1200、1400、1500、1800、2100

续表

项目	尺寸要求
55系列、60系列、70系列、90系列推拉铝合金窗基本窗洞的宽度	1200、1500、1800、2100、2400、2700、3000
70系列、100系列铝合金地弹簧门基本门洞的高度	2100、2400、2700、3000、3300
70系列、100系列铝合金地弹簧门基本门洞的宽度	900、1000、1500、1800、2400、3000、3300、3600
70系列与90系列铝合金推拉门基本门洞的高度	2100、2400、2700、3000
70系列与90系列铝合金推拉门基本门洞的宽度	1500、1800、2100、2700、3000、3300、3600
铝合金门窗玻璃的常见厚度	5、6

1.2.2.2 图例

铝合金门的适用门型、立面样式与规格如图1-6所示。铝合金窗的适用窗型、立面样式与规格如图1-7所示。

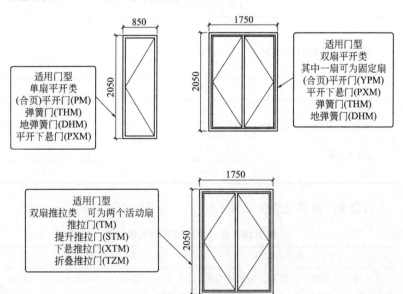

图1-6 铝合金门的适用门型、立面样式与规格

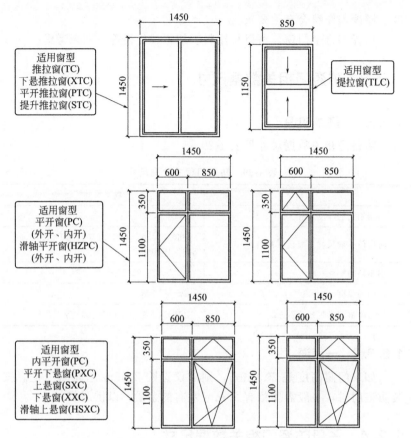

图 1-7　铝合金窗的适用窗型、立面样式与规格

1.2.2.3　一点通

　　铝合金门窗有推拉铝合金门、推拉铝合金窗、平开铝合金门、平开铝合金窗、铝合金地弹簧门等种类。每一种门窗又可分为基本门窗、组合门窗。基本门窗一般由框、扇、玻璃、五金配件、密封材料等组成。组合门窗一般由两个以上的基本门窗用拼樘料组合成其他形式的门窗或连窗门。

　　铝合金门窗根据门窗框的厚度构造尺寸分为若干系列，其中门框厚度的尺寸数据就是推拉铝合金门的系列名称。

　　铝合金门窗隐框窗扇梃与硅酮（聚硅氧烷）结构密封胶的黏结宽

度、厚度需要符合有关要求。

选择铝合金门窗，可以从用料、加工、价格等方面来考虑。

1.2.3 防盗门相关数据尺寸

1.2.3.1 基本知识

防盗门相关数据尺寸见表 1-29。

表 1-29　防盗门相关数据尺寸

项目	数据尺寸
不锈钢门的厚度/cm	7 等
防盗门一般尺寸（宽度×高度）/mm	860×2050、960×2050、960×1970、860×1970 等
钢木门的厚度/cm	4、5、7、9、12 等
铜门的厚度/cm	5、6、7 等
子母防盗门常见规格/mm	1160×2050、1200×2050 等

1.2.3.2 一点通

如果门洞高度是 2070mm，则建议选购 2.05m 总高的门框。安装防盗门时，一般需要留有 20mm 左右的余量，以供调节。

1.2.4 子母防盗门相关数据尺寸

1.2.4.1 基本知识

子母防盗门相关数据尺寸见表 1-30。

表 1-30　子母防盗门相关数据尺寸　　　　单位：mm

项目	规格数据尺寸
标准子母防盗门尺寸	2100（高度）×1200（宽度）×40（厚度）
防盗门单门尺寸	950（总宽度）×2050（总高度）×110（框厚度）
常见子母防盗门尺寸	1200（总宽度）×2050（总高度）×110（框厚度）
子母防盗门常用的门框厚度	110、88、150 等

续表

项目	规格数据尺寸
子母防盗门宽度尺寸	1150、1160 等
最宽的子母防盗门尺寸	2180（高度）×1320（宽度）×110（厚度）

1.2.4.2　一点通

一般情况下，当门洞的宽度大于普通的单扇门宽度（800～1000mm）而又小于双扇门的总宽度（2000～4000mm）时，才考虑采用子母防盗门。

1.2.5　电动平开、推拉围墙大门规格尺寸

电动平开围墙大门常见规格尺寸见表 1-31。电动推拉围墙大门常见规格尺寸见表 1-32。

表 1-31　电动平开围墙大门常见规格尺寸

门高/mm	门口宽/mm										
	1500	1800	2100	2400	3000	3300	3600	4200	4800	5400	6000
	规格型号										
1800	1518	1818	2118	2418	3018	3318	3618	4218	4818	5418	6018
2100	1521	1821	2121	2421	3021	3321	3621	4221	4821	5421	6021
2400	1524	1824	2124	2424	3024	3324	3624	4224	4824	5424	6024

表 1-32　电动推拉围墙大门常见规格尺寸

门高/mm	门口宽/mm												
	3600	4200	4800	5400	6000	6600	7200	8400	9000	9600	10800	12000	15000
	规格型号												
1500	3615	4215	4815	5415	6015	6615	7215	8415	9015	9615	10815	12015	15015
1800	3618	4218	4818	5418	6018	6618	7218	8418	9018	9618	10818	12018	15018
2100	3621	4221	4821	5421	6021	6621	7221	8421	9021	9621	10821	12021	15021
2400	3624	4224	4824	5424	6024	6624	7224	8424	9024	9624	10820	12024	15024

1.2.6 电动伸缩围墙大门规格数据尺寸

电动伸缩围墙大门规格数据尺寸见表 1-33。

表 1-33 电动伸缩围墙大门规格数据尺寸

项目	规格/mm
门口宽度推荐尺寸	3600、4200、4800、5400、6000、6600、7200、7800、8400、9000、9600、10800、9000、9600、10800、12000、15000、18000、21000、24000、27000、30000
门高推荐尺寸	1200、1300、1400、1500、1600、1700、1800

注：门的规格用门高（单位 mm）×门口宽度（单位 mm）表示。

1.2.7 推拉自动门有关规格、允许偏差、装配要求等数据尺寸

推拉自动门门厚基本尺寸见表 1-34。推拉自动门基本门洞的规格见表 1-35。

表 1-34 推拉自动门门厚基本尺寸

门厚基本尺寸系列/mm	70	80	90	100

表 1-35 推拉自动门基本门洞的型号

型号 洞高/mm ＼ 洞宽/mm	1500	1800	2100	2400	3000	3300	3600	4200
2100	1521	1821	2121	2421				
2400	1524	1824	2124	2424	3024	3324	3624	
2700	1527	1827	2127	2427	3027	3327	3627	
3000	1530	1830	2130	2430	3030	3330	3630	4230
3300					3033	3333	3633	4233
3600					3036	3336	3636	4236

推拉自动门基本立面形式与尺寸见表 1-36。

表 1-36　推拉自动门基本立面形式与尺寸

立面形式 洞宽/mm 洞高/mm	1500	1800	2100	2400	3000	3300	3600	4200
2100								
2400								
2700								
3000								
3300								
3600								

推拉自动门型材制作的门框尺寸允许偏差与类型见表 1-37。

表 1-37　推拉自动门型材制作的门框尺寸允许偏差与类型

单位：mm

项目	尺寸	等级		
		优等品	一等品	合格品
门框内侧对角线尺寸之差	≤2000	≤1.5	≤2.0	≤2.5
	>2000	≤2.5	≤3.0	≤3.5
门框内侧宽、高允许偏差	≤2000	±1.0	±1.5	±2.0
	>2000	±1.5	±2.0	±2.5
门框内侧对边尺寸之差	≤2000	≤1.5	≤2.0	≤2.5
	>2000	≤2.5	≤3.0	≤3.5

推拉自动门型材制作的门框、扇各相邻构件装配、平面度要求见表 1-38。

表1-38　门框、扇各相邻构件装配、平面度要求　单位：mm

项目	优等品	一等品	合格品
平面度	≤0.3	≤0.4	≤0.5
装配间隙	≤0.3		≤0.5

1.2.8　人行自动门运行速度要求

人行自动门运行速度要求见表1-39。

表1-39　人行自动门运行速度要求　单位：mm/s

启闭类型	推拉自动门		折叠自动门		平开自动门		旋转自动门	
	开启速度	关闭速度	开启速度	关闭速度	开启速度	关闭速度	正常速度	残障慢行速度
单扇	≤500	≤350	≤350	≤350	≤300	≤300	≤750	≤350
双扇	≤400	≤300	≤300	≤300	≤300	≤300		

1.2.9　防火玻璃门相关数据尺寸

1.2.9.1　基本知识

防火玻璃门相关数据尺寸见表1-40。

表1-40　防火玻璃门相关数据尺寸

项目	规格数据尺寸
A级防火玻璃门的钢板门面板厚度/mm	≥1.2
A级防火玻璃门的加固件钢板厚度/mm	1.5
A级防火玻璃门的门板厚度/mm	1.5
A类甲级防火玻璃门最大尺寸/mm	1800×3000
A类甲级防火玻璃门最小尺寸/mm	100×100

续表

项目	规格数据尺寸
防火玻璃门五金配件、金属材料熔融温度/℃	≥950
一般防火玻璃门最大尺寸/mm	2400×5000
一般防火玻璃门最小尺寸/mm	200×300

1.2.9.2　一点通

防火门可以分为甲级、乙级、丙级等。防火玻璃门的材质主要有复合防火玻璃、夹丝防火玻璃、特种防火玻璃、中空防火玻璃等。这几种玻璃可以分为 A、B、C 三个防火级别。A、B、C 防火级别下又可以分为Ⅰ级、H 级、N 级等级别。

其中，C 类甲级防火玻璃门是一种由单片防火玻璃所构成的防火门。防火玻璃门中的玻璃为特种玻璃。A 类甲级防火玻璃门是一种由复合防火玻璃构成的防火门。

A 类防火玻璃——要求同时具备耐火完整性和隔热性。

B 类防火玻璃——要求具备耐火完整性并达到一定的热辐射强度限度。

C 类防火玻璃——只要求有耐火完整性即可。

选购防火玻璃门时，应考虑到具体的防火等级。

1.2.10　防火卷帘门相关数据尺寸

1.2.10.1　基本知识

防火卷帘门相关数据尺寸见表 1-41。

表 1-41　防火卷帘门相关数据尺寸　　单位：mm

项目	规格数据尺寸
标准的防火卷帘门尺寸（宽度×高度）	约 1970×960
目前的防火卷帘门尺寸（宽度×高度）	约 3000×3500
一般的防火卷帘门尺寸（宽度×高度）	约 2500×3000

1. 2. 10. 2 一点通

一般的防火卷帘门是指适用于普通民用等建筑的卷帘门。目前国家没有规定防火卷帘门的标准尺寸，因此卷帘门的优势就在于尺寸可以根据门洞的大小量身定做。

选择防火卷帘门时，可以根据建筑物的不同特点，选择内装、外装、中装等不同的安装方式。

1. 2. 11 电梯门相关数据尺寸

1. 2. 11. 1 基本知识

电梯门相关数据尺寸见表 1-42。

表 1-42 电梯门相关数据尺寸

项目	相关数据尺寸
别墅以及类似别墅电梯开门的高度/mm	2000～2200
承重力为 630kg 的电梯开门净尺寸/mm	800×2100
承重力为 800kg 的电梯开门净尺寸/mm	800×2100
承重力为 1000kg 的电梯开门净尺寸/mm	900×2100
承重力 1100～1600kg 的电梯标准开门尺寸/mm	1100×2100
承重力 5t 电梯门的宽度/mm	≥2000
电梯承重能力为 1000kg 的电梯门/mm	800×2100 等
电梯门宽的尺寸/mm	800、900、1000、1100、1200、1400 等
电梯运行时的倾斜角度/(°)	<15
一般家用别墅以及类似家用别墅电梯厅门、轿门宽度尺寸/mm	600～1400
一般生活中使用电梯的门高/mm	2000、2100、2200、2400、2800 等

1. 2. 11. 2 一点通

电梯门的尺寸与电梯能够承受的重量有一定的关系。电梯门尺寸也可以根据实际要求进行非标定制。电梯门高一般需要根据电梯轿厢的具体高度尺寸来确定。国际上电梯的尺寸，具有相应的标准规定。

1.2.12　落地窗相关数据尺寸

1.2.12.1　基本知识

落地窗相关数据尺寸见表1-43。

表1-43　落地窗相关数据尺寸　　　　　　单位：mm

项目	相关数据尺寸
客厅落地窗尺寸	1800×2100～1500×1800
落地式窗帘距地面高度	50～100
卫生间落地窗尺寸	600×900～900×1400
卧室落地窗尺寸	1200×1500、1500×1800、1800×2100 等

1.2.12.2　一点通

阳台落地窗往往不是一个尺寸，落地窗的面积往往是房间面积的1/7。卫生间一般不装落地窗，如果要装落地窗，尺寸必须减小。

一般情况，窗户的上沿一定要比门高。窗户要尽量开高一些，以便于光线均匀。窗户的顶端一定要高于居住者的身高，以使居住者感到舒适、明亮。

1.2.13　遮阳金属百叶帘尺寸规格与允许偏差

遮阳金属百叶帘尺寸规格与允许偏差见表1-44。

表1-44　遮阳金属百叶帘尺寸规格与允许偏差

金属百叶帘的尺寸方向	标称尺寸/mm	允许偏差/mm
宽度	<1500	0 −3
	1500～2500	0 −4
	>2500	0 −5

金属百叶帘的尺寸方向	标称尺寸/mm	允许偏差/mm
厚度	<30	+2
	30~80	+3
	>80	+4
高度	<1500	0 −4
	1500~2500	0 −6
	>2500	0 −10

1.2.14　曲臂遮阳篷尺寸规格

曲臂遮阳篷尺寸规格见表1-45。

表1-45　曲臂遮阳篷尺寸规格

手动曲臂遮阳篷尺寸常见使用规格						
伸展长度/mm 宽度/mm	1000	1500	2000	2500	3000	3500
<2000	√	△	不建议使用	不建议使用	不建议使用	不建议使用
2000~3000	√	√	△	不建议使用	不建议使用	不建议使用
3000~4000	√	√	√	△	不建议使用	不建议使用
4000~5000	√	√	√	△	不建议使用	不建议使用
5000~6000	√	√	√	√	√	△
≥6000	√	√	√	√	√	√
电动曲臂遮阳篷尺寸常见使用规格						
伸展长度/mm 宽度/mm	1000	1500	2000	2500	3000	3500
<2000	√	△	不建议使用	不建议使用	不建议使用	不建议使用
2000~3000	√	√	△	△	不建议使用	不建议使用

续表

电动曲臂遮阳篷尺寸常见使用规格						
伸展长度 /mm 宽度/mm	1000	1500	2000	2500	3000	3500
3000~4000	√	√	√	△	△	不建议使用
4000~5000	√	√	√	√	△	△
5000~6000	√	√	√	√	√	△
≥6000	√	√	√	√	√	√

注："√"为推荐使用，"△"为可以使用。

1.2.15　遮阳天篷帘成品尺寸规格与允许偏差

遮阳天篷帘成品尺寸规格与允许偏差见表 1-46。

表 1-46　遮阳天篷帘成品尺寸规格与允许偏差　单位：mm

项目	范围	允许偏差
长度（L）	$L \leqslant 2000$	± 2
	$2000 < L \leqslant 4000$	± 4
	$4000 < L \leqslant 8000$	± 8
	$L > 8000$	± 12
宽度（W）	$W \leqslant 2000$	$\begin{array}{c}0\\-4\end{array}$
	$2000 < W \leqslant 3000$	$\begin{array}{c}0\\-6\end{array}$
	$W > 3000$	-8

1.2.16　罗马柱相关数据尺寸

1.2.16.1　基本知识

罗马柱相关数据尺寸见表 1-47。

表 1-47　罗马柱相关数据尺寸　　　　单位：cm

类型		直径尺寸
欧式建筑的罗马柱	常用于门边柱	约 25
	常用于大门前	30～50
	常用于大型装饰	60～120
	常用于欧式窗边柱装饰	15～20
	广泛用于门面重叠安装	20～25
	小罗马柱，一般作窗边柱用	最小为 15

1.2.16.2　一点通

　　罗马柱一般由柱、檐构成。柱可以分为柱础、柱身、柱头等部分。罗马柱各部分的尺寸、比例、形状是不同的。购买罗马柱时，通常是根据体积来计算的。

　　现代建筑中的罗马柱基本都是用水泥、石膏筑成的。罗马柱的尺寸并不是固定的，应根据实际情况来确定。

　　应用罗马柱时，其尺寸的设计比较讲究。装修中，需要考虑与周围环境的协调性。另外，罗马柱颜色的组合应用也有讲究：大面积空间内可以选用淡黄色、米白色等浅色调罗马柱。

1.3　桌、椅、台、柜

1.3.1　餐桌、餐椅相关数据尺寸

1.3.1.1　基本知识

　　餐桌、餐椅相关数据尺寸见表 1-48。

表 1-48　餐桌、餐椅相关数据尺寸

项目	有关数据尺寸
餐椅的高度/mm	400、420、440 等
餐桌的高度/mm	700、720、740、760 等
餐桌离墙最小距离/m	约 0.8
吊灯与餐桌桌面最合适的距离/mm	约 700
供 6 个人使用的餐桌的占用（地）面积/m	3×3
供 6 个人使用的餐桌最少占用空间（包括活动空间）/m	约 3.5×6
正方形餐桌大约占用（地）面积/m	约 1.8×1.8
桌椅的高度差要求/mm	280～320

1.3.1.2　一点通

选择餐桌、餐椅时，需要考虑装修风格和房屋高度。面积小的餐厅，可以选择小而精致的餐桌。高档餐厅，对于餐桌的材质比较讲究，餐桌的形状需要以稳重为前提。餐桌、餐椅高度的选择以常规尺寸为宜，并符合人体工程学。

1.3.2　电脑桌相关数据尺寸

1.3.2.1　基本知识

电脑桌相关数据尺寸见表 1-49。

表 1-49　电脑桌相关数据尺寸　　　　　　单位：mm

项目		数据尺寸
常见台式电脑桌尺寸		1400×500×760 等
电脑桌常规尺寸规格		500×1000、600×1200、700×1400 等
人体工学电脑桌尺寸	托盘和桌面的距离	15～20
	写字桌台面下的空间高度	≥580
	写字桌台面下的空间宽度	≥520

项目		数据尺寸
一般 1.2m 电脑桌尺寸（长度×宽度）		1200×600
一般 1.4m 电脑桌尺寸（长度×宽度）		1400×600
一般 1.6m 电脑桌尺寸（长度×宽度）		1600×600
一般电脑桌	台面高度	680～760
	中间的净空高	≥580
	中间的净空宽	≥520
	桌椅（凳）配套产品的高差	250～320
一般直线型台式电脑桌的尺寸		780×850×450 等

1.3.2.2 一点通

如果电脑桌上除了放电脑外，还需要放一些文件、书籍、茶杯、笔筒等用品，则可以选择长、宽大约为 60cm×40cm、高度大约为 1m 的折叠式电脑桌。

如果使用床上折叠电脑桌，则尺寸不能够很宽，一般大约为 30cm×20cm。办公、商用电脑桌一般不选择床上折叠电脑桌。

台式电脑桌的材质种类多，一般根据实际情况来选择。市场上台式电脑桌的材料有人造板、塑料、钢木、三聚氰胺板、实木板、密度板、不锈钢等。

人体工学电脑桌尺寸一般应具有桌面高度可调、电脑托盘设计有讲究、靠背扶手设计有讲究、肘部支撑合理、显示器位置可调等特点。

办公、商用电脑桌，一般选择固定高度，且稳定性好的电脑桌。

1.3.3 写字台（书桌）相关数据尺寸

1.3.3.1 基本知识

写字台（书桌）相关数据尺寸见表 1-50。

表 1-50　写字台（书桌）相关数据尺寸　　　　单位：m

类别		数据尺寸
双人书桌表面的尺寸规格		0.75×0.2 等
一般单人书桌	表面的尺寸规格	0.75×1.3 等
	高度	≤0.75
一般儿童写字台 （固定式书桌）	高度	0.75
	深度	0.45~0.7
一般儿童写字台 （活动式书桌）	高度	0.75~0.78
	深度	0.65~0.8
一般儿童写字台（书桌）	长度	1.1~1.2
	高度	0.76 等
	宽度	0.55~0.6
	椅子高度	0.4~0.44

1.3.3.2　一点通

书桌的尺寸规格有大有小，形式也多种多样。有的书桌样式也可以根据自身需要进行调整。选择儿童书桌书柜，应注意挑选合适的高度、合适的尺寸，以及圆滑流畅的圆形或者弧形收边的书桌书柜、安全稳固的书桌书柜、环保无害的书桌书柜、座椅搭配恰当的书桌书柜等。

1.3.4　吧台相关数据尺寸

1.3.4.1　基本知识

吧台相关数据尺寸见表 1-51。

表 1-51　吧台相关数据尺寸　　　　单位：cm

项目	数据尺寸
单层吧台高度	约 110

续表

项目		数据尺寸
家庭或者类似家庭吧台	长度	180
	高度	70
	宽度	120
普遍行业吧台	高度	90～105
	宽度	50
	配合的凳子高度	60～75
双层吧台高度		80、105
吧台椅常见尺寸（长度×宽度×高度）		42×46.5×92、44×44×83、45×50×99、45×45×92、39×45×98.5等

1.3.4.2　一点通

吧台椅有高度可调节和不可调节两种。高度可调节吧台椅的升降范围一般为20cm以内，其高度一般能够适应需求即可；高度不可调节吧台椅选择时需要考虑充分。

一般而言，只要吧台椅与吧台的距离合适，椅子高度可以略微低于吧台大约20cm，座面离地的高度为60～100cm。

具体吧台椅的尺寸，需要根据吧台高度、整个酒吧的环境来确定。吧台长度也是根据实际需要量来确定。

1.3.5　五斗柜相关数据尺寸

1.3.5.1　基本知识

五斗柜相关数据尺寸见表1-52。

表 1-52　五斗柜相关数据尺寸　　　　单位：m

类别		数据尺寸
地中海风格五斗柜	长度	0.56
	高度	1
	宽度	0.4

类别		数据尺寸
韩式田园风格五斗柜	长度	0.6
	高度	1.05
	宽度	0.47
欧式古典五斗柜	长度	0.962
	高度	1.3
	宽度	0.46
一般五斗柜	高度	1.1~1.5
	宽度	0.43~0.55
英式五斗柜	长度	0.86
	高度	1.19
	宽度	0.46

1.3.5.2 一点通

五斗柜一般都有五个抽屉，五斗柜的尺寸没有统一标准，并且五斗柜也没有固定的形状，因此，五斗柜的尺寸相差比较大。五斗柜可以放置在床两边，对称式摆放，也可以根据具体使用需求进行组合式摆放。

五斗柜一般是每斗20cm，也可以根据房间布局确定。

一些类似家用场所选择五斗柜，则需要根据实际情况来选择，并参考家用场所选择五斗柜的方法。

1.3.6 衣柜裤架相关数据尺寸

1.3.6.1 基本知识

衣柜裤架相关数据尺寸见表1-53。

表1-53 衣柜裤架相关数据尺寸 单位：mm

项目	数据尺寸
衣柜裤架的宽度（安装格子架、抽屉下面）	≥480

续表

项目	数据尺寸
衣柜裤架的深度范围	490～540
衣柜裤架的高度	≥700

1.3.6.2 一点通

把衣物挂起来可以减少褶皱，为此，通常在衣柜中设置衣柜裤架。

衣柜裤架深度的计算方法如下：衣柜的深度一般为 600～650mm，则衣柜裤架的深度尺寸＝衣柜的深度－滑动门最低深度（90mm）－背板厚度最低（20mm）。由此得到衣柜裤架的尺寸深度范围为 490～540mm。

衣柜裤架高度等于裤架管到衣柜底板的净空间。衣柜裤架高度至少为 700mm，也有人认为衣柜裤架高度至少为 600mm 才可以。实际确定时，需要根据实际需求和空间特点合理布局。

商业场所选择衣柜裤架，需要根据使用者习惯等情况来确定。

1.3.7 床头柜相关数据尺寸

1.3.7.1 基本知识

床头柜相关数据尺寸见表 1-54。

表 1-54　床头柜相关数据尺寸　　　单位：mm

项目		相关数据尺寸
板式床头柜常见规格（长度×宽度×高度）		560×500×550
常规床头柜	高度	500～700
	宽度	400～600
	深度	350～450
常见开放式床头柜标准尺寸（长度×宽度×高度）		580×415×490、600×400×600
床头柜常见尺寸（长度×宽度×高度）		480×440×576、600×480×550、600×550×450、620×440×650、520×415×400、520×550×400、560×440×650、560×500×550 等

续表

项目	相关数据尺寸
地中海风格床头柜的高度	550
法式风格床头柜的高度	620
韩式田园床头柜常见规格（长度×宽度×高度）	520×400×550
美式古典风格床头柜的高度	650
欧式床头柜尺寸（长度×宽度×高度）	560×390×584、590×455×500、600×495×558、680×450×748 等
欧式田园风格床头柜的高度	500
现代风格板式床头柜常见规格（长度×宽度×高度）	520×400×415
英式田园风格床头柜常见规格（长度×宽度×高度）	560×440×650
中式风格床头柜的高度	500

1.3.7.2　一点通

买床头柜要根据床的高度、款式、居室空间大小等情况来选择。选择床头柜的大小与床的大小有关，因此，购买床头柜前应确定好床的款式。不同款式、大小的床头柜搭配不同款式的床。一般认为床头柜最好比床高一点，这样会协调些，而且有利于提升睡眠质量；也有人认为床头柜高度等同于床的高度或比床矮一点比较合适。为此，应根据实际情况来确定。以下为床头柜与床的配合，供参考：

520mm×400mm×415mm 的床头柜——适合放在低矮的软床两侧。

520mm×400mm×550mm 的床头柜——适合放在偏高的木床旁边。

560mm×440mm×650mm 的床头柜——适合放在皮质床旁边。

有的欧式家具比较复杂，尺寸不好测算，因此，这些数据仅为参考尺寸。另外，欧式床头柜高度一般比床高（床的高度为 500～700mm）一些，以便拿东西，整体效果好看些。

床头柜高度可以根据主人（旅馆应根据多数旅客）的身高来确定。另外，鉴于床沿的高度（一般约为 45cm）、床垫高度等因素影响，床头柜的高度还可以根据床面情况来确定，也就是床头柜只要比床面高 1～2cm 即可。

床头柜边的插座，一般认为比床头柜高 10cm 即可，并且应靠近墙边安装。

床头柜的风格因当地人（旅馆旅客）的习惯、身高不同而异。因此，在数据上一般会存在偏差。

1.4 床、灯、电器

1.4.1 钢架床相关数据尺寸

1.4.1.1 基本知识

钢架床相关数据尺寸见表 1-55。

表 1-55　钢架床相关数据尺寸　　　　单位：mm

项目	数据尺寸（高度×长度×宽度）
两人位（上下铺）钢架床常见尺寸	2000×1750×900、1800×2000×900 等
单铺钢架床常见尺寸（包括下铺空类型）	2000×1950×900、2000×1980×900 等
四人位上下铺连体钢架床常见尺寸	1750 × 4000 × 900、1800 × 2000 × 1200 等
一人位钢架床常见尺寸	400×1800×900、260×1800×900 等

1.4.1.2 一点通

钢架床有很多种，不同钢架床的尺寸也会有所不同。钢架床一般是由螺丝直接固定的，时间久了会有响声。

1.4.2 单人床相关数据尺寸

1.4.2.1 基本知识

单人床相关数据尺寸见表 1-56。

表 1-56　单人床相关数据尺寸　　　　单位：m

项目	相关数据尺寸
儿童单人床尺寸（宽度×长度）	1.2×2、0.8×2、1×2、0.5×1.8、0.5×2、0.6×2、0.6×1.8、0.4×1.8、1×1.8、0.7×1.8 等
公寓床常见的尺寸（宽度×长度）	0.9×1.9 等
市面上的单人床尺寸（宽度×长度）	1.35×1.9、1.2×2、1×1.9、0.8×2 等
宿舍单人床长度	1.8、1.86、2、2.1 等

1.4.2.2　一点通

有的学生宿舍的宿舍床也采用了单人床。不同学校采用的单人床尺寸也不同。

1.4.3　架子床相关数据尺寸

1.4.3.1　基本知识

架子床相关数据尺寸见表 1-57。

表 1-57　架子床相关数据尺寸　　　　单位：m

项目	相关数据尺寸
实木古典架子床尺寸（长度×宽度）	2×1.8 等
学校宿舍简单架子床尺寸（长度×宽度）	2×0.95、1.8×0.9、1.8×0.85 等
其他架子床的尺寸（长度×宽度）	1.8×1.5、2.2×2 等

1.4.3.2　一点通

选择架子床尺寸时，要先量好房间的大小再选择。一些架子床的尺寸比较特殊，有的是定制的尺寸。常见的架子床长度有 1.8m、1.86m、2m、2.1m 等，宽度有 0.9m、1.05m、1.2m 等。

1.4.4　高低床相关数据尺寸

1.4.4.1　基本知识

高低床相关数据尺寸见表 1-58。

表 1-58 高低床相关数据尺寸

项目		相关数据尺寸
高低床尺寸	床板（多层板）厚度/mm	2 等
	床梯钢材（边长×厚度）/mm	20×1 等
	支架钢材（边长×边长×厚度）/mm	40×40×1.2、40×40×1.5 等
高低床上床尺寸（宽度×长度）/m		1×2 等
高低床下床尺寸（宽度×长度）/m		1.2×2 等

1.4.4.2 一点通

高低床属于储物、娱乐休闲、学习生活一体化的家具产品，可以节约空间。

1.4.5 榻榻米相关数据尺寸

1.4.5.1 基本知识

榻榻米相关数据尺寸见表 1-59。

表 1-59 榻榻米相关数据尺寸

项目		相关数据尺寸
榻榻米的长宽比例（长方形）		2 : 1
榻榻米的高度	安装升降机/cm	35~40
	当简单休息区域、书房/cm	40~50
	当收纳空间/cm	30~40
	当玩耍空间/cm	25~50
	当作床/cm	15~20 左右

1.4.5.2 一点通

榻榻米的功能不同，其高度也不同。考虑榻榻米高度时，往往还需要考虑房子的高度。榻榻米的形状有多种，一般以正方形、长方形为主。

商用场所使用榻榻米的情况较少。

1.4.6　筒灯相关数据尺寸

1.4.6.1　基本知识

筒灯相关数据尺寸见表 1-60。

表 1-60　筒灯相关数据尺寸

项目	规格数据尺寸
大客厅与类似空间	可以选择 5in① 的筒灯
如果要改善地砖、白墙冷冰冰的感觉	可以选择 4000K 色温的筒灯
卧室、书房与类似空间	可以选择 3in① 的筒灯
小客厅及类似空间	可以选择 3in① 的筒灯
选择台灯、壁灯光源时	可以选择色温为 3300K 的光源
选择夜灯、地灯光源时	可以选择色温为 3000K 的光源

①指灯具的反射面直径，1in＝2.54cm。

1.4.6.2　一点通

筒灯在走廊、办公室、实验室、家庭、机场等区域的使用率比较高。筒灯直径一般需要根据空间的大小来选择：空间面积小，可以少用几个筒灯；空间面积大，需要多用几个筒灯。另外，筒灯直径往往决定筒灯的亮度。

1.4.7　排气扇相关数据尺寸

1.4.7.1　基本知识

排气扇相关数据尺寸见表 1-61。

表 1-61　排气扇相关数据尺寸　　　　　单位：cm

项目	规格数据尺寸
封闭式排气扇规格	30.5×30.5 等
扇叶排气扇开孔规格	29.5×29.5 等
扇叶排气扇外框规格	34.5×14.3×34.5 等

续表

项目	规格数据尺寸
中央空调式排气扇开孔尺寸	20.5×20.5 等
中央空调式排气扇面板尺寸	25.5×25.5 等

1.4.7.2 一点通

　　排气扇可以用来排除异味、通风换气、除湿、降温等。排气扇的种类不同，尺寸也不同。不同尺寸的排气扇，其开孔尺寸有差异。

　　家用与类似家用排气扇有扇叶排气扇、封闭式排气扇、中央空调式排气扇等种类。根据安装位置不同，排气扇可以分为吸顶式排气扇、壁挂式排气扇、窗式排气扇。需要安装的位置不同，所选择排气扇的型号也就不同。

　　一些在公共场所使用的排气扇属于大型机械，需要注意使用范围和环境要求等情况。

1.5 瓦和砖

1.5.1 彩色水泥瓦相关数据尺寸

1.5.1.1 基本知识

　　彩色水泥瓦相关数据尺寸见表 1-62。

表 1-62　彩色水泥瓦相关数据尺寸　　　　单位：mm

项目	数据尺寸
标准尺寸	424×337
中式水泥彩瓦	424×337
其他规格	180×60、310×310、220×220、不规则尺寸等

1.5.1.2　一点通

彩色水泥瓦可以分为中式彩色水泥瓦、日式彩色水泥瓦等种类。选购彩色水泥瓦时，可以从外观、着色层等方面来考虑。

着色层——水泥着色层，具有附着力强、耐候性一般、长时间使用会褪色等特点。油漆喷涂着色层具有颜色鲜艳、不易掉色等特点。

外观——好的彩色水泥瓦外观工整、边条平直、不翘边，正反面没有缺损裂纹。

1.5.2　玻璃砖相关数据尺寸

1.5.2.1　基本知识

玻璃砖相关数据尺寸见表 1-63。各类尺寸玻璃砖装饰特点与应用见表 1-64。

表 1-63　玻璃砖相关数据尺寸　　　　　　　　单位：mm

项目	数据尺寸
玻璃砖常见规格	115×115×70、115×115×80、145×145×80、190×190×80、197×197×97、300×300×100、330×330×100、500×500×100 等
标准玻璃砖尺寸	190×190×80 等
厚玻璃砖规格	190×190×95、145×145×95 等
特殊玻璃砖规格	240×240×80、190×90×80 等
小玻璃砖规格	145×145×80 等

表 1-64　各类尺寸玻璃砖装饰特点与应用

玻璃砖规格/mm	装饰特点与应用
115×115×80	细致灵巧、适合性极强、墙面整体效果精致
145×145×95	适合性强，适合应用于高档商务墙体、办公区墙体等
190×190×95	具有厚重稳实、坚固耐用、大小适中等特点。适合应用于各种外露围墙、隔离墙体、建筑物的配套外墙、公共建筑外墙等
190×90×80	可以迎合一般需要，是适用各种隔断、墙体的建筑物常用砖
240×115×80	具有对比性、上升感，适用于弧形、圆柱形的墙体砌筑
240×240×80	具有单元面积比较大、易保持墙面整体效果、远视感觉清晰等特点。适用于大面积的墙体、隔断砌筑，以及与其他规格砖组合使用

玻璃砖规格/mm	装饰特点与应用
300×300×100	具有宽广、厚重等特点，但是国内目前不生产

1.5.2.2　一点通

　　玻璃砖还可以分为玻璃饰面砖、玻璃锦砖、实心玻璃砖、玻璃地砖、空心玻璃砖、可回收玻璃砖等。其中，娱乐场所等有选择使用玻璃饰面砖的案例。

　　玻璃饰面砖、实心玻璃砖主要适用于娱乐场所；玻璃锦砖主要用于地面、墙壁的装饰；玻璃地砖在装修中应用比较常见；空心玻璃砖一般需要根据不用使用场所进行特定的设计。

1.5.3　仿石砖相关数据尺寸

1.5.3.1　基本知识

　　仿石砖的厚度为1～2cm，其长、宽数据尺寸见表1-65。

表 1-65　仿石砖长、宽数据尺寸　　　　单位：mm

项目	数据尺寸
仿古砖一般尺寸规格	300×300、600×600、800×800 等
仿古砖一些不规则的尺寸规格	150×300、400×400、500×500 等
中式仿石砖主要规格	600×600、300×600 等
欧式仿石砖主要规格	300×300、400×400、500×500 等

1.5.3.2　一点通

　　仿石砖常用在美式、北欧、欧式、现代等装修风格中，是仿造天然石材制作的一种瓷砖，其外观与天然石材相似。

1.5.4　红砖相关数据尺寸

1.5.4.1　基本知识

　　红砖相关数据尺寸见表1-66。

表 1-66　红砖相关数据尺寸　　　　　单位：mm

项目	相关数据尺寸
单块红砖尺寸	60×240×10、240×115×90、240×115×95、205×55×90、240×115×53 等
作为内墙装饰的红砖尺寸	210×58×53、250×126×63、240×115×90 等
其他规格红砖尺寸	220×58×53、195×55×53、200×60×90、220×60×120 等

1.5.4.2　一点通

有的红砖尺寸是根据需求定制的。不同红砖的尺寸，是经过压制成型而得出不同高度、宽度、厚度的。

1.5.5　空心砖相关数据尺寸

1.5.5.1　基本知识

空心砖相关数据尺寸见表 1-67。

表 1-67　空心砖相关数据尺寸　　　　　单位：mm

项目	数据尺寸
标准空心砖规格	390×190×190
市场常见空心砖的规格	240×200×115、240×120×115、390×190×190、390×190×90 等
烧结空心砖 20 墙规格	200×190×115、240×190×100、240×200×190 等
烧结空心砖 22 墙规格	240×220×190 等
烧结空心砖 24 墙规格	240×240×190、240×190×115 等

1.5.5.2　一点通

空心砖的价格一般与空心砖的尺寸有关，规格越大，价钱越高。空心砖的种类有页岩空心砖、黏土空心砖、烧结空心砖、玻璃空心砖、免烧空心砖等。

空心砖具有材料性能强大、环保节能、质量小等优点。但是，也要注意，空心砖抗震能力差。

1.5.6 煤矸石多孔砖相关数据尺寸

1.5.6.1 基本知识

煤矸石多孔砖相关数据尺寸见表1-68。

表 1-68　煤矸石多孔砖相关数据尺寸　　　单位：mm

项目	数据尺寸
煤矸石多孔砖常用规格	190×190×90、240×115×90
实心煤矸石多孔砖规格	261×105×43、190×90×40、240×115×180、240×240×90、240×115×90、180×180×90 等
一般煤矸石多孔砖规格	90～290

1.5.6.2 一点通

煤矸石多孔砖可以用于建筑中的承重物件，并且能够使得建筑物自身重量减轻30％左右。

1.5.7 青砖相关数据尺寸

1.5.7.1 基本知识

青砖相关数据尺寸见表1-69。

表 1-69　青砖相关数据尺寸　　　单位：mm

项目	数据尺寸
常见的青砖尺寸规格	60×240×10、75×300×120、100×400×120、240×115×53、400×400×50 等

1.5.7.2 一点通

青砖是由黏土烧制而成的，其规格多样，也可以定制。选购青砖时，需要注意规格是否合格。尺寸误差大于0.5mm，表面平整度大于0.1mm的产品，为不合格产品。使用不合格的青砖会增加施工难度，并影响装修的效果。

另外，由于青砖的表面颜色丰富，并且不同批次的青砖颜色有差异。因此，不同批次的青砖谨慎混用。另外，一次性购买青砖数量较大时，需要进行色差的比较，以免青砖颜色差别明显影响装修效果。

1.5.8　透水砖相关数据尺寸

1.5.8.1　基本知识

透水砖相关数据尺寸见表 1-70。

表 1-70　透水砖相关数据尺寸　　　　　单位：mm

项目	数据尺寸
透水砖常用的规格	480×240×80、240×240×80、400×200×80、200×200×80、300×150×60、250×250×60、200×100×60 等
常见广场透水砖的规格（常见厚度为 30、40、50、60 等）	100×100、108×108、150×150、190×190、100×200、200×200、150×300、150×315、300×300、315×315、315×525 等
常见小区透水砖的规格	200×100×60、200×200×60、200×100×80、250×250×60、250×125×60 等

1.5.8.2　一点通

透水砖的种类有普通透水砖、聚合物纤维混凝土透水砖、彩石复合混凝土透水砖、彩石环氧通体透水砖、混凝土透水砖、生态砂基透水砖等。一般而言，规格越大的透水砖其价格也越高。

1.6　卫浴设备、设施

1.6.1　拖把池相关数据尺寸

1.6.1.1　基本知识

拖把池相关数据尺寸见表 1-71。

表 1-71　拖把池相关数据尺寸

项目	有关规格数据尺寸
常规的拖把池尺寸（长度×宽度×高度）/mm	330×330×400、400×400×400
落地的拖把池尺寸（长度×宽度×高度）/mm	460×400×520、470×410×530
拖把池深度/cm	多为 50

1.6.1.2　一点通

拖把池尺寸的选择，需要根据使用空间的位置来确定。如果摆放的空间位置不大，则需要选择小一点的拖把池。

拖把池也可以人工砌筑。如果拖把池高度低了，则使用时会弯腰，不方便使用。拖把池水龙头的高度，可以根据能够放下一只塑料桶的距离来确定。

拖把池材质，一般而言，自洁釉的较好，瓷质的次之；拖把池下水管材质，一般而言，全铜的较好，铜塑的次之。

1.6.2　小便斗安装相关数据尺寸

1.6.2.1　基本知识

常见的小便斗分为落地式小便斗和壁挂式小便斗等类型。小便斗安装相关数据尺寸见表 1-72。

表 1-72　小便斗安装相关数据尺寸　　　单位：mm

项目	安装高度
公共建筑小便斗的安装高度	约 600
水封的深度	≥50
小便斗任何部位的坯体厚度	≥6
一般公共厕所供给大人使用的挂式小便器安装高度	约 500
一般公共厕所供给小孩使用的挂式小便器安装高度	约 300
用冲洗阀的小便斗节水器进水口中心到完成墙的参考距离	≥60
幼儿园等小朋友用的小便斗的安装高度	约 300

1.6.2.2　一点通

　　落地式小便器在安装前，应确定排水管到墙砖的精确尺寸。通常落地式小便器的安装高度不宜过高，大约为 300mm，以便于排水。

　　挂式小便器可以分为墙排水挂式小便器和地排水挂式小便器。墙排水挂式小便器需要注意排水口的高度，并在做墙砖前根据准备安装的小便器尺寸预留好进出水口。地排水挂式小便器主要需要注意排水口的高度。挂式小便器的安装高度讲究适中。

　　安装小便器的尺寸精确度要求高，以免安装不了，或者安装后不美观。

1.6.3　蹲便器相关数据尺寸

1.6.3.1　基本知识

　　蹲便器相关数据尺寸见表 1-73。

表 1-73　蹲便器相关数据尺寸　　　　　　单位：mm

项目	数据尺寸
蹲便器侧面到墙的距离	≥450
蹲便器的下水管中心到墙的距离	300～450
蹲便器的尺寸	520×420×220、520×420×280、580×450×270、520×420×190、535×430×240、535×430×190 等
蹲便器后面到墙的距离	650～700
蹲便器每一个部分的坯体宽度	≥6
下水口的中心到墙壁的距离	≥60
成人型蹲便器的尺寸（长度×宽度）	610×270
幼儿型蹲便器的尺寸（长度×宽度）	480×220
整个储水弯的陶瓷水封深度（蹲便器水封深度）	≥50

1.6.3.2　一点通

　　蹲便器品牌多，其款式、规格也不尽相同，在安装时，需要针对具体的蹲便器进行选择。一般而言，针对不同的人群，蹲便器的尺寸也是不同的。

如果要让蹲便器准确安装，就需要把握好合适的坑距。因此，选择蹲便器时，如果要进行贴砖工艺，则一定要在贴瓷砖前先测量好坑距，以免买回来的蹲便器出现安装不上等问题。

1.6.4 马桶坑距数据尺寸

1.6.4.1 基本知识

马桶坑距数据尺寸见表 1-74。

表 1-74 马桶坑距数据尺寸　　　　　单位：mm

项目	数据尺寸
马桶坑距	300、350、400、450 等

1.6.4.2 一点通

马桶坑距是指马桶的下水管中心到墙的距离，是卫生间排水（马桶下水口）的定位尺寸。马桶不可随意选购，以免安装时遇到麻烦。测量马桶坑距，需要区分是贴墙砖后测量的数据，还是毛坯时测量的数据。

如果测量的坑距（墙面贴过墙砖）范围为 380～420mm，则一般选择坑距为 400mm 的马桶比较合适；如果测量的坑距（墙面贴过墙砖）范围为 285～375mm，则一般选择坑距为 300mm 的马桶比较合适。

1.6.5 墙排马桶规格与安装高度

1.6.5.1 基本知识

墙排马桶规格与安装高度见表 1-75。

表 1-75 墙排马桶规格与安装高度

项目	数据尺寸
墙排马桶尺寸规格/mm	608×487×475、580×355×400 等
墙排马桶的安装高度/cm	70 等

1.6.5.2 一点通

墙排马桶有椭圆形、长方形等类型。选择墙排马桶时，需要根据卫生间的大小来选择合适尺寸的墙排马桶。不同品牌的墙排马桶尺寸有所差异。

墙排马桶与普通马桶有区别。墙排马桶的承重能力一般低于地排马桶。

1.6.6 浴缸相关数据尺寸

1.6.6.1 基本知识

浴缸相关数据尺寸见表 1-76。

表 1-76 浴缸相关数据尺寸

项目		数据尺寸
方形浴缸	长度/m	1.5、1.6、1.7、1.8、1.9 等
	高度/m	0.58~0.9
	宽度/m	0.7、0.75、0.8、0.85、0.9 等
混水阀安装高度/mm		宜高出浴缸 200~300
扇形浴缸的最小尺寸（直径）/m		1.3
台上浴缸	缸台宽度/mm	900 等
	高度/mm	550 等
	龙头安装高度/mm	750~850
	底距地的距离/mm	100 等
椭圆形浴缸	浴桶的长度/m	<1.4m
	长度/m	1.2~1.8
一般嵌入式浴缸的安装高度/mm		约 600
一般浴缸	长度/m	1.2~1.7
	深度/mm	500~700
圆形浴缸的直径/m		1.5~1.8

1.6.6.2 一点通

浴缸不仅款式多，尺寸也多。浴缸的尺寸关乎空间大小，也与浴缸的功能有关。浴缸尺寸一般是指其外形尺寸。

长度在 1.5m 以下的浴缸，其深度往往比一般浴缸要深，大约为 700mm。

长度为 1.7m 的方形浴缸比较符合中国人的平均身高。宽度为 0.8m 的方形浴缸用得最多。高度 0.7m 的方形浴缸最常见。扇形浴缸、椭圆形浴缸适合小户型卫生间。扇形浴缸可以利用某个不常用的角落来摆放，达到充分利用空间的目的。

浴缸龙头设置高度关乎使用的方便性和舒适性。混水阀一般需要根据浴缸高度考虑。如果浴缸高度为 600mm，则挂墙式龙头的高度为 80~90mm。

1.6.7 卫生间淋浴房相关数据尺寸

1.6.7.1 基本知识

卫生间淋浴房相关数据尺寸见表 1-77。

表 1-77 卫生间淋浴房相关数据尺寸 单位：mm

项目	相关数据尺寸
长弧形淋浴房的标准尺寸（墙角边长×墙角边长×高度）	900×1200×1900 等（即 850~1300×1200~1600×1850~2000）
方形淋浴房尺寸（一般情况）（淋浴房边长×淋浴房边长×高度）	800×800×1900、900×900×1900、1000×1000×1900 等（即 800~1500×800~1500×1850~2000）
两固一活的三门淋浴房宽度	≥1200，活动门宽度保持 650
普通圆弧形淋浴房的标准尺寸（墙角边长×墙角边长×高度）	900×900、900×1000、900×1200、1000×1000、1000×1300、1000×1100、1200×1200 等
全弧形淋浴房的标准尺寸（墙角边长×墙角边长×高度）	1000×1000×1900 等
一固一活的双门淋浴房的宽度	≥1000，活动门宽度保持 650
钻石形卫生间淋浴房的标准尺寸（墙角边长×墙角边长×高度）	900×900×1950、900×1200×1950、1000×1000×1950、1200×1200×1950 等

1.6.7.2 一点通

方形卫生间淋浴房是最常见的。无论选择哪一种卫生间淋浴房，如果卫生间空间不是很大的话，建议选择推拉门而不是平开门的卫生间淋浴房。钻石形卫生间淋浴房看起来没有方形卫生间淋浴房那么呆板，而且有一些卫生间的形状比较不规整，也可以安装钻石形卫生间淋浴房。钻石形卫生间淋浴房可适用于不同面积的卫生间。

弧形淋浴房分为圆弧形（扇形）、长弧形（J形）、全弧形（G形）等类型。不同弧形类型淋浴房的标准尺寸不同。长弧形淋浴房一般只有一扇滑动门；全弧形淋浴房，一般配备两扇滑动门。

如果卫生间高度约为2.4m，则淋浴房的高度可以设为1.9m。淋浴房的高度也可以根据使用者的身高来调整，应与淋浴器的位置相当，并且淋浴房的高度应阻止水溅到外面，但不能使淋浴房与卫生间吊顶直接相连形成密闭空间，以确保通风良好。

一般需要根据卫生间的大小来选择尺寸适合的淋浴房。如果淋浴房标准尺寸无法满足卫生间的空间条件，则可以定制淋浴房。定制淋浴房时，注意大空间可以从舒适、宽松淋浴的角度来考虑，小空间从充分利用面积的角度来考虑，选择不太占地方的推拉或者内开方式。独立淋浴空间不但要满足需求，还要能够给其他的卫浴用品预留必要的空间。

1.7 玻璃、镜子、其他

1.7.1 衣柜穿衣镜相关数据尺寸

1.7.1.1 基本知识

衣柜穿衣镜相关数据尺寸见表1-78。

表1-78 衣柜穿衣镜相关数据尺寸

项目	数据尺寸/cm	备注
美式穿衣镜规格	80×46×212	往往是独立的穿衣镜，也就是单纯地将一块玻璃镶在镜框上，并且有固定底座
欧式传统穿衣镜规格	60×48×190、70×50×200	欧式传统穿衣镜的尺寸要大于使用者身高的一半
普通衣柜穿衣镜规格（高度×宽度）	150×30、156×30、120×30	该类穿衣镜主要为身高156cm左右的人使用
圆形穿衣镜常见尺寸（直径）	30、40、50、60、70、80等	椭圆形的穿衣镜可以把人照得显瘦些

1.7.1.2 一点通

穿衣镜的宽度、高度没有硬性的规定，可以根据实际情况做相应调整。

1.7.2 烤漆玻璃相关数据尺寸

1.7.2.1 基本知识

烤漆玻璃相关数据尺寸见表1-79。

表 1-79 烤漆玻璃相关数据尺寸   单位：mm

项目	数据尺寸
烤漆玻璃常用的规格尺寸	1830×2440、1650×2400 等
面积较大的烤漆玻璃的厚度	10、12 等
屏风、隔断使用的烤漆玻璃的厚度	12 等
小面积的烤漆玻璃的厚度	5、6
一般家用与类似家用烤漆玻璃的厚度	5、8、10、12 等

1.7.2.2 一点通

烤漆玻璃厚度的标准有很多，主要根据所安装的玻璃板面大小来确定。一般而言，面积较大的烤漆玻璃需要厚一些；面积较小的烤漆玻璃可以薄一些。

烤漆玻璃的规格尺寸，一般可以根据实际需要去定制。

烤漆玻璃是一种具有表现力的装饰玻璃品种，可以通过喷涂、滚涂、丝网印刷等方式生产出来。在潮湿的环境中，烤漆玻璃的油漆易脱落，而油漆对人体具有一定的危害。

1.7.3 建筑装饰用微晶玻璃规格尺寸允许偏差和平面度公差要求

建筑装饰用微晶玻璃规格尺寸允许偏差见表1-80。建筑装饰用微晶玻璃平面度公差要求见表1-81。

表 1-80 建筑装饰用微晶玻璃规格尺寸允许偏差

等级	优等品/mm	合格品/mm
长、宽度	0 −1.0	0 −1.5
厚度	±2.0	±2.5

表 1-81 建筑装饰用微晶玻璃平面度公差要求

长、宽度范围/mm	优等品/mm	合格品/mm
≤600×900	1.0	1.5
>600×900～≤900×1200	1.2	2.0
>900×1200	由供需双方商定	

1.7.4 地弹簧规格尺寸

1.7.4.1 基本知识

地弹簧规格尺寸见表 1-82。

表 1-82 地弹簧规格尺寸

项目	相关规格尺寸
超重型地弹簧	承重能力约 300kg，门扇适用宽度为 1200～1500mm。有 90°定位与无定位等类型之分
常见地弹簧	承重能力为 50～150kg，门扇适用宽度有 800～950mm、600～900mm、800～1000mm、800～960mm、850～1000mm、800～900mm、1200～1300mm 等。有 90°定位与无定位等类型之分
新颖型地弹簧	承重能力约为 50kg，门扇适用宽度为 800～900mm。有 90°定位与无定位等类型之分

1.7.4.2 一点通

玻璃门重量不同，所选用的地弹簧也不同，其尺寸可能有差异，也就是说地弹簧的尺寸与其承重相关。选购地弹簧时，需要注意门扇重量和自身需求等因素。

地弹簧可以分为防火型和防水潮型。防火型地弹簧一般比防水潮型地弹簧要长，但是宽度、高度都比防水潮型小。门扇承重大小方面，防火型地弹簧要比防水潮型地弹簧高，并且防火型地弹簧要比防水潮型地弹簧的门扇适用宽度大。

1.7.5 紫铜导流三通接头规格

紫铜导流三通接头规格见表 1-83。

表 1-83 紫铜导流三通接头规格

$DN \times DN1$	$DN2$	a	b	$DN \times DN1$	$DN2$	a	b
20×15	8	20	40	50×40	25	40	80
25×15	8	25	50	65×15	8	45	90
25×20	10	25	50	65×20	10	45	90
32×15	8	30	60	65×25	15	45	90
32×20	10	30	60	65×32	20	45	90
32×25	15	30	60	65×40	25	45	90
40×15	8	35	70	65×50	32	45	90
40×20	10	35	70	80×15	8	50	100
40×25	15	35	70	80×20	10	50	100
40×32	20	35	70	80×25	15	50	100
50×15	8	40	80	80×32	20	50	100
50×20	10	40	80	80×40	25	50	100
50×25	15	40	80	80×50	32	50	100
50×32	20	40	80	80×65	40	50	100

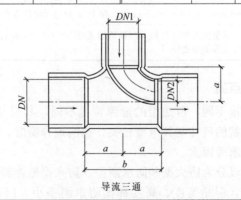

导流三通

1.7.6 石材的规格尺寸和强度等级

1.7.6.1 基本知识

根据加工后的外形规则程度，石材可以分为料石、毛石。石材的相关数据尺寸见表1-84。

表 1-84　石材的相关数据尺寸　　　　　单位：mm

类型	项目	数据尺寸
料石	细料石——叠砌面凹入深度	≤10
	细料石——截面的宽度、高度	≥200，并且不宜小于长度的1/4
	粗料石——叠砌面凹入深度	≤20
	毛料石——高度	≥200
	毛料石——叠砌面凹入深度	≤25
毛石	中部厚度	≥200

石材强度等级的换算系数见表1-85。

表 1-85　石材强度等级的换算系数

立方体边长/mm	200	150	100	70	50
换算系数	1.43	1.28	1.14	1	0.86

1.7.6.2 一点通

石砌体中的石材一般需要选用无明显风化的天然石材。

1.7.7 模数的种类与特点

1.7.7.1 基本知识

模数的种类与特点见表1-86。

表 1-86 模数的种类与特点

模数类型	模数种类	特点
扩大模数	3M（300mm）、6M（600mm）、12M（1200mm）、15M（1500mm）、30M（3000mm）、60M（6000mm）	扩大模数数值为基本模数的倍数
分模数	1/10M（10mm）、1/5M（20mm）、1/2M（50mm）	分模数数值为基本模数的分数倍数

1.7.7.2 一点通

基本模数是模数协调中的基本尺寸单位，一般用 M 表示，1M＝100mm。

开间、进深、跨度、柱距等建筑中较大的尺寸，一般为某一扩大模数的倍数。

缝隙、墙厚、构造节点等建筑中较小的尺寸，一般为某一分模数的倍数。

1.7.8 基础埋深

1.7.8.1 基本知识

深基础与浅基础的特点见表 1-87。

表 1-87 深基础与浅基础的特点

类型	分类依据
深基础	埋深≥5m 的基础
浅基础	埋深在 0.5～5m 间的基础

1.7.8.2 一点通

基础埋深是指从室外设计地坪到基础底面的垂直距离。基础埋深一般不得浅于 0.5m。

1.7.9 民用建筑楼地面面层材料的一般厚度要求

1.7.9.1 基本知识

民用建筑楼地面面层材料的一般厚度要求见表 1-88。

表 1-88 民用建筑楼地面面层材料的一般厚度要求

面层	强度等级或配合比	厚度/mm	面层	强度等级或配合比	厚度/mm
花岗石板	≥Mu60	20～50	水泥基自流平		6～8
大理石板	≥Mu30	20～50	树脂砂浆		4～8
玻璃板		12～24	PVC 板		≥3
木地板		14～36	沥青砂浆		20～40
不锈钢板		2	钾水玻璃混凝土	≥C20	≥80
钢板		3	聚氨酯涂层		1.2～2.0
聚酯涂层		2～3	橡胶板		2～3
预制水磨石板	≥C20	25	混凝土	≥C20	≥60
水泥砖	≥C20	20～25	细石混凝土	≥C20	≥35
陶瓷砖	≥Mu20	10～12	聚合物水泥砂浆	1∶(1～2)	10～20
陶瓷锦砖	≥Mu20	5～8	水泥砂浆	1∶(2～3)	20
耐酸砖	≥Mu55	20～65	现制水磨石	1∶3	25～30
微晶石板	≥Mu60	10～20	树脂自流平		1～2

1.7.9.2 一点通

公共建筑中有大量人流、小型推车行驶的地面，其面层应采用防滑、耐磨、不易起尘的磨光地砖、花岗石、微晶玻璃石板或经增强的细石混凝土等材料。

舞池宜采用表面光滑、耐磨而略有弹性的木地面或水磨石地面等，卡拉 OK 厅、迪斯科舞厅则应采用花岗石、微晶玻璃石、钡钛瓷砖、钛金不锈钢、地砖、复合强化玻璃板等地面。

一般性体育比赛场馆、文艺排练厅、表演厅宜采用木地面。

书刊、文件库房可以采用阻燃塑料、水磨石等不易起尘且易清洁的地面。

1.7.10 室内防水工程防水层最小厚度要求

室内防水工程防水层最小厚度要求见表 1-89。

表 1-89　室内防水工程防水层最小厚度要求　单位：mm

防水层材料类型		浴室、游泳池、水池	两道设防或复合防水	厕所、卫生间、厨房
聚合物水泥、合成高分子涂料		1.5	1	1.2
弹（塑）性体改性沥青防水卷材		3	2	3
自粘橡胶沥青防水卷材		1.5	1.2	1.2
刚性防水材料	掺外加剂、掺合料防水砂浆	25	20	20
	聚合物水泥防水砂浆Ⅰ类	20	10	10
	聚合物水泥防水砂浆Ⅱ类、刚性无机防水材料	5	3	3
改性沥青涂料		—	1.2	2
合成高分子卷材		1.2	1	1
自粘聚酯胎改性沥青防水卷材		3	2	2

第2章
规范性数据尺寸

2.1 无障碍设施要求和建筑无障碍要求

2.1.1 无障碍设施要求的相关数据

2.1.1.1 基本知识

无障碍设施要求的相关数据见表 2-1。

表 2-1　无障碍设施要求的相关数据

项目	相关数据 或者解说
沿石坡道的坡口与车行道之间不宜有高差；当有高差时，坡口高出车行道地面的要求/mm	≤10
全宽式单面坡沿石坡道的坡度	≤1∶20
三面坡沿石坡道的正面坡道宽度/m	≥1.2
其他形式的沿石坡道的坡度	≤1∶12
其他形式的沿石坡道的坡口宽度/m	≥1.5
盲道的纹路应凸出路面的高度/mm	4

项目		相关数据或者解说
行进盲道	宽度/mm	250～500
	与围墙、花台、绿化带的距离/mm	250～500
	与树池边缘的距离/mm	250～500
	与路沿石上沿在同一水平面时，距路沿石的距离（例如没有树池）/mm	≥500
	比路沿石上沿低时，距路沿石的距离/mm	≥250
无障碍出入口	室外地面滤水箅子的孔洞宽度/mm	≤15
	除平坡出入口外，门完全开启的状态下，建筑物无障碍出入口的平台的净深度/m	≥1.5
	建筑物无障碍出入口的门厅、过厅设置两道门，门扇同时开启时两道门的间距/m	≥1.5
平坡出入口	地面坡度	≤1∶20
	地面坡度（场地条件比较好的情况）	≤1∶30
轮椅坡道	净宽度/m	≥1
	净宽度（无障碍出入口的情况）/m	≥1.2
	起点、终点、中间休息平台的水平长度/m	≥1.5
无障碍通道	室内走道/m	≥1.2
	室内走道（人流较多或较集中的大型公共建筑）/m	≥1.8
	室外通道/m	≥1.5
	检票口、结算口轮椅通道/mm	≥900
	室外通道上的雨水箅子的孔洞宽度/mm	≤15
	固定在无障碍通道的墙、立柱上的物体或标牌距地面的高度/m	≥2
	自动门开启后的通行净宽度/m	≥1
	平开门、推拉门、折叠门开启后的通行净宽度/mm	≥800
	平开门、推拉门、折叠门开启后的通行净宽度（有条件的情况）/mm	≥900
	在门扇内外应留的轮椅回转空间/m	φ≥1.5

续表

项目		相关数据或者解说
无障碍通道	在单扇平开门、推拉门、折叠门的门把手一侧的墙面宽度/mm	≥400
	平开门、推拉门、折叠门的门扇把手距地距离/mm	900
	门槛高度、门内外地面高差/mm	≤15
无障碍楼梯	公共建筑楼梯的踏步宽度/mm	≥280
	公共建筑楼梯的踏步高度/mm	≤160
	设提示盲道距踏步起点、终点的距离/mm	250~300
无障碍台阶	公共建筑的室内外台阶踏步宽度/mm	≥300
	公共建筑的室内外台阶踏步高度/mm	≤150，且≥100
无障碍电梯的候梯厅	候梯厅深度/m	≥1.5
	公共建筑及设置病床梯的候梯厅深度/m	≥1.8
	呼叫按钮高度/m	0.9~1.1
	电梯门洞的净宽度/mm	≥900
无障碍电梯的桥厢	轿厢门开启的净宽度/mm	≥800
	轿厢的侧壁带盲文的选层按钮的高度/m	0.9~1.1
	轿厢的三面壁上扶手的高度/mm	850~900
	轿厢的规格，最小规格的深度/m	≥1.4
	轿厢的规格，最小规格的宽度/m	≥1.1
	轿厢的规格，中型规格的深度/m	≥1.6
	轿厢的规格，中型规格的宽度/m	≥1.4
垂直升降平台	深度/m	≥1.2
	宽度/mm	≥900
斜向升降平台	宽度/mm	≥900
	深度/m	≥1
扶手	无障碍单层扶手的高度/mm	850~900
	无障碍双层扶手的上层扶手高度/mm	850~900

续表

项目		相关数据或者解说
扶手	无障碍双层扶手的下层扶手高度/mm	650～700
	靠墙面扶手的起点、终点处应水平延伸的长度要求/mm	≥300
	扶手末端应向内拐到墙面或向下延伸的要求/mm	≥100
	扶手内侧与墙面的距离/mm	≥40
	圆形扶手的直径/mm	35～50
	矩形扶手的截面尺寸/mm	35～50
公共浴室的无障碍要求	浴室内部轮椅回转直径/m	≥1.5
	采用平开门时，横扶把手的高度/mm	900
	采用平开门时，关门拉手的高度/mm	900
无障碍淋浴间要求	无障碍淋浴间的短边宽度/m	≥1.5
	浴间坐台的高度/mm	450
	浴间坐台的深度/mm	≥450
	淋浴间应设距地面水平抓杆的高度/mm	700
	淋浴间应设距地面垂直抓杆的高度/m	1.4～1.6
	淋浴间内淋浴喷头的控制开关距地面的高度/m	≤1.2
	毛巾架的高度/m	≤1.2
无障碍盆浴间	浴盆一端坐台的深度/mm	≥400
	浴盆内侧两层水平抓杆的高度/mm	600、900
	浴盆内侧两层水平抓杆的水平长度/mm	≥800
	洗浴坐台一侧的墙上安全抓杆的高度/mm	900
	洗浴坐台一侧的墙上安全抓杆的水平长度/mm	≥600
	毛巾架的高度/m	≤1.2
无障碍客房	客房保证轮椅进行回转的直径/m	≥1.5
	客房卫生间内轮椅回转的直径/m	≥1.5
	床间的距离/m	≥1.2
	床的使用高度/mm	450
	客房、卫生间救助呼叫按钮的高度/mm	400～500

项目		相关数据或者解说
无障碍单人卧室面积/m²		≥7
无障碍双人卧室面积/m²		≥10.5
无障碍兼起居室的卧室面积/m²		≥16
无障碍起居室面积/m²		≥14
无障碍厨房面积/m²		≥6
无障碍卫生间面积	设坐便器、洗浴器或浴盆、淋浴，以及洗面盆卫生洁具的情况/m²	≥4
	设坐便器、洗浴器的情况/m²	≥3
	设坐便器、洗面盆的情况/m²	≥2.5
	单设坐便器的情况/m²	≥2
厨房操作台	下方净宽（供乘轮椅者使用的情况）/mm	≥650
	下方高度（供乘轮椅者使用的情况）/mm	≥650
	下方深度（供乘轮椅者使用的情况）/mm	≥250
轮椅席位	观众厅内通往轮椅席位的通道宽度/m	≥1.2
	每个轮椅席位的占地面积/m²	≥1.1×0.8
	轮椅席位旁或在邻近的观众席内的陪护席位比例	1:1
无障碍机动车停车位	地面坡度	≤1:50
	无障碍机动车停车位一侧通道宽度/m	≥1.2
低位服务设施	低位服务设施上表面距地面高度/mm	700~850
	低位服务设施下部供乘轮椅者膝部、足尖部的移动空间的宽度/mm	750
	低位服务设施下部供乘轮椅者膝部、足尖部的移动空间的高度/mm	650
	低位服务设施下部供乘轮椅者膝部、足尖部的移动空间的深度/mm	450
	低位服务设施前轮椅回转空间直径/m	≥1.5
	挂式电话离地高度/mm	≤900

2.1.1.2 一点通

沿石坡道的坡面要求平整、防滑。全宽式单面坡沿石坡道的宽度一般应与人行道宽度相同。

盲道的颜色需要与相邻的人行道铺面的颜色形成对比，并与周围景观相协调，一般采用中黄色。盲道型材表面还需要防滑，行进盲道需要与人行道的走向保持一致。盲道需要避开非机动车停放的位置。

行进盲道需要在起点、终点、转弯以及其他有需要处设置提示盲道。当盲道的宽度不大于 300mm 时，提示盲道的宽度一般应大于行进盲道的宽度。

轮椅坡道的高度超过 300mm 且坡度大于 1∶20 时，则需要在两侧设置扶手，并且坡道与休息平台的扶手要保持连贯。无障碍楼梯一般采用直线形楼梯。

2.1.2 轮椅坡道的最大高度与水平长度要求

轮椅坡道的最大高度与水平长度要求见表 2-2。

表 2-2 轮椅坡道的最大高度与水平长度要求

坡度	1∶20	1∶16	1∶12	1∶10	1∶8
最大高度/m	1.20	0.90	0.75	0.60	0.30
水平长度/m	24.00	14.40	9.00	6.00	2.40

2.1.3 行进盲道的触感条规格与提示盲道的触感圆点规格

2.1.3.1 基本知识

行进盲道的触感条规格与提示盲道的触感圆点规格见表 2-3。

表 2-3 行进盲道的触感条规格与提示盲道的触感圆点规格

行进盲道的触感条规格	
部位名称	尺寸要求/mm
面宽	25

续表

行进盲道的触感条规格	
部位名称	尺寸要求/mm
底宽	35
高度	4
中心距	62～75
提示盲道的触感圆点规格	
部位名称	尺寸要求/mm
表面直径	25
底面直径	35
圆点高度	4
圆点中心距	50

2.1.3.2 图例

盲道图例如图 2-1 所示。

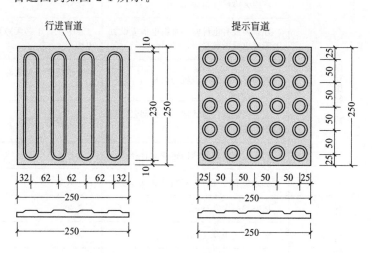

图 2-1 盲道图例

2.1.4　公共建筑无障碍要求的相关数据

2.1.4.1　基本知识

公共建筑无障碍要求的相关数据见表 2-4。

表 2-4　公共建筑无障碍要求的相关数据

类型	项目	相关数据或解说
办公、科研、司法建筑	法庭、为公众服务的会议室、审判庭、报告厅等的公众座席座位数为 300 座及以下时的轮椅席位	至少设置 1 个轮椅席位
	法庭、为公众服务的会议室、审判庭、报告厅等的公众座席座位数为 300 座以上时轮椅席位	不少于 0.2%，并且不少于 2 个轮椅席位
教育建筑	报告厅、合班教室、剧场等设置轮椅坐席的要求	不少于 2 个轮椅座席
医疗康复建筑	室内无障碍通道净宽/m	≥1.8
	建筑内设有电梯时，每组电梯应设置无障碍电梯的数量	至少设置 1 部无障碍电梯
	首层无障碍厕所设置的数量	至少设置 1 处无障碍厕所
	儿童医院的门急诊部、医技部，每层设置母婴室的数量	至少设置 1 处母婴室
	病人更衣室内轮椅回转空间直径/m	≥1.5
	病人更衣室部分更衣箱高度/m	<1.4
福利、特殊服务建筑	居室户门净宽/mm	≥900
	居室内走道净宽/m	≥1.2
	卧室、厨房、卫生间门净宽/mm	≥800
	居室内轮椅回转空间直径/m	≥1.5

续表

类型	项目	相关数据或解说
体育建筑	特级、甲级场馆基地内无障碍机动车停车位	不少于停车数量的2%，并且不少于2个无障碍机动车停车位
	乙级、丙级场馆基地内无障碍机动车停车位	不少于2个无障碍机动车停车位
	建筑物的观众、运动员及贵宾无障碍出入口	至少各设1处无障碍出入口
文化建筑	观众厅内座位数为300座及以下时设置轮椅席位的要求	至少设置1个轮椅席位
	观众厅内座位数为300座以上时设置轮椅席位的要求	不少于0.2%，并且不少于2个轮椅席位
	演员活动区域公共厕所的要求	至少有1处男、女公共厕所，贵宾室宜设置1个无障碍厕所
商业服务建筑	建筑物无障碍出入口的要求	至少有1处为无障碍出入口，且位于主要出入口处
	每层供公众使用的男、女公共厕所的要求	每层至少有1处，或在男、女公共厕所附近设置1个无障碍厕所
	旅馆等商业服务建筑100间以下客房的，对无障碍客房的要求	1~2间无障碍客房
	旅馆等商业服务建筑100间以上、400间以下客房的，对无障碍客房的要求	2~4间无障碍客房
	旅馆等商业服务建筑400间以上客房的，对无障碍客房的要求	至少设4间无障碍客房
公共停车场（库）	I类公共停车场（库）设置无障碍机动车停车位的数量	不少于停车数量的2%
	II类及III类公共停车场（库）设置无障碍机动车停车位的数量	不少于停车数量的2%，并且不少于2个
	IV类公共停车场（库）设置无障碍机动车停车位的数量	不少于1个

续表

类型	项目	相关数据或解说
城市公共厕所	厕所内的通道乘轮椅回转直径/m	≥1.5
	方便门开启的通行净宽度/mm	≥800

2.1.4.2　一点通

公共建筑基地内总停车数在 100 辆以下时，一般需要设置不少于 1 个无障碍机动车停车位；公共建筑基地内总停车数在 100 辆以上时，一般需要设置不少于总停车数 1% 的无障碍机动车停车位。公共建筑的主要出入口，一般需要设置坡度小于 1∶30 的平坡出入口。公共建筑内设有电梯时，一般需要至少设置 1 部无障碍电梯。

2.2　安全疏散和安全避难要求

2.2.1　A1 类歌舞娱乐放映游艺场所的疏散距离

2.2.1.1　基本知识

A1 类歌舞娱乐放映游艺场所的疏散距离见表 2-5。

表 2-5　**A1 类歌舞娱乐放映游艺场所的疏散距离**　　单位：m

疏散类型	室内任何一点到最近疏散门的直线距离	疏散通道上的任何一点到最近安全出口的行走距离
单向疏散	15	15
双向疏散	15	25

2.2.1.2　一点通

A1 类歌舞娱乐放映游艺场所疏散通道上的任何一点到最近安全出口的行走距离，以及场所内任何一点到疏散门的直线距离一般要符合表 2-5 的要求。

A1 类商业营业场所包括歌舞厅、卡拉 OK 厅（含具有卡拉 OK 功能的餐厅）、夜总会、录像厅、放映厅、桑拿浴室（除洗浴部分外）、游艺厅（含电子游艺厅）、网吧等歌舞娱乐放映游艺场所，以及儿童活动场所。

2.2.2　A1 类儿童活动场所的疏散距离

2.2.2.1　基本知识

A1 类儿童活动场所的疏散距离见表 2-6。

表 2-6　**A1 类儿童活动场所的疏散距离**　　单位：m

疏散类型	室内任何一点到最近疏散门的直线距离	疏散通道上的任何一点到最近安全出口的行走距离
单向疏散	15	20
双向疏散	15	25

2.2.2.2　一点通

A1 类儿童活动场所疏散通道上的任何一点到最近安全出口的行走距离，以及场所内任何一点到疏散门的直线距离一般要符合表 2-6 的要求。

2.2.3　A2 类场所的疏散距离

2.2.3.1　基本知识

A2 类场所的疏散距离见表 2-7。

表 2-7　**A2 类场所的疏散距离**　　单位：m

疏散类型	室内任何一点到最近疏散门的直线距离	疏散通道上的任何一点到最近安全出口的行走距离
单向疏散	30	15
双向疏散	30	30

2.2.3.2　一点通

A2 类场所疏散通道上的任何一点到最近安全出口的行走距离，

以及场所内任何一点到疏散门的直线距离一般要符合表 2-7 的要求。A2 类商业营业场所包括电影院、多功能厅、观众厅等。

2.2.4　A 类场所内疏散通道最小净宽度要求

A 类场所内疏散通道最小净宽度要求见表 2-8。

表 2-8　A 类场所内疏散通道最小净宽度要求

营业厅布置方式	疏散通道名称或者通道位置	最小净宽度/m
A1 类儿童活动场所	单侧设置经营房间的通道	1.6
	双侧设置经营房间的通道	2.2
	主通道	3
A1 类歌舞娱乐放映游艺场所	单侧设置经营房间的通道	1.6
	双侧设置经营房间的通道	2.2
	主通道	3
A2 类电影院、多功能厅、观众厅等场所	单侧设置放映厅出口的通道	2
	双侧设置放映厅出口的通道	3
	主通道	4

2.2.5　柜架式营业区域室内任何一点到最近安全出口的距离

B、C 类场所商业营业厅内采用柜架式营业区域的布置方式时，室内任何一点到最近安全出口的距离要求见表 2-9。

表 2-9　柜架式营业区域室内任何一点到最近安全出口的距离

单位：m

疏散类型	最大直线距离	最大行走距离
单向疏散	20	25
双向疏散	37.5	45

2.2.6　商铺式营业区域的疏散距离

2.2.6.1　基本知识

B、C类场所商业营业厅内采用商铺式营业区域的布置方式时，疏散通道上的任何一点到最近安全出口的行走距离，以及商铺内任何一点到疏散门的直线距离要求见表2-10。

表 2-10　商铺式营业区域的疏散距离要求　　　单位：m

疏散类型	疏散通道上的任何一点到最近安全出口的行走距离	商铺任何一点到最近疏散门的直线距离
单向疏散	20	15
双向疏散	37.5	15

2.2.6.2　一点通

建筑面积小于120m^{2}的小型一、二层商铺，可以设一个外门。二层跃层商铺最远点到一层疏散门的水平疏散距离，不得超过30m，其中梯段根据1.5倍投影距离来计算。门宽需要大于1.4m。安全出口间的疏散走道为敞开式外廊时，则表中规定的最大双向疏散行走距离可以增加5m；单向疏散行走距离，可以增加3m。

2.2.7　B、C类场所商业营业厅内疏散通道最小净宽度要求

B、C类场所商业营业厅内疏散通道最小净宽度要求见表2-11。

表 2-11　B、C类场所商业营业厅内疏散通道最小净宽度要求

营业厅布置方式	疏散通道名称或通道位置	最小净宽度/m
柜架式营业区域（百货商店、购物中心等）	单侧设置柜架或陈列窗的通道	1.6
	双侧设置柜架或陈列窗的通道	2.2
	主通道	3

营业厅布置方式	疏散通道名称或通道位置	最小净宽度/m
柜架式营业区域（超市）	单侧设置货架的通道	1.6
	双侧设置货架的通道	2.2
	货架区与闸机（收银台）间	5
	闸机与通向安全出口间的通道	3
	主通道	3
商铺式营业区域	单侧设置店铺的通道	2
	双侧设置店铺的通道	3
	主通道	4

2.2.8 设置1部疏散楼梯的公共建筑需要符合的条件数据

2.2.8.1 基本知识

公共建筑内每个防火分区或一个防火分区的每个楼层，设置1个安全出口或1部疏散楼梯的公共建筑，除了老年人照料设施、医疗建筑、托儿所幼儿园的儿童用房、儿童游乐厅等儿童活动和歌舞娱乐放映游艺等场所外，其他公共建筑需要符合的要求见表2-12。

表2-12 设置1部疏散楼梯的公共建筑需要符合的条件数据

耐火等级	最多层数	每层最大建筑面积/m²	人数
四级	2层	200	第二层人数不超过15人
三级	3层	200	第二、三层的人数之和不超过25人
一、二级	3层	200	第二、三层的人数之和不超过50人

2.2.8.2 一点通

公共建筑内每个防火分区或一个防火分区的每个楼层，其安全出口的数量一般需要经计算来确定，并且不得少于2个。

2.2.9 公共建筑的安全疏散距离

直通疏散走道的房间疏散门到最近安全出口的直线距离的要求见表 2-13（即不应大于表中的要求）。

表 2-13 直通疏散走道的房间疏散门到最近安全出口的直线距离

单位：m

名称		位于袋形走道两侧或尽端的疏散门			位于两个安全出口间的疏散门		
		一、二级	三级	四级	一、二级	三级	四级
医疗建筑	单、多层	20	15	10	35	30	25
	高层——病房部分	12	—	—	24	—	—
	高层——其他部分	15	—	—	30	—	—
教学建筑	单、多层	22	20	10	35	30	25
	高层	15	—	—	30	—	—
托儿所、幼儿园老年人照料设施		20	15	10	25	20	15
高层旅馆、展览建筑		15	—	—	30	—	—
歌舞娱乐放映游艺场所		9	—	—	25	20	15
其他建筑	单、多层	22	20	15	40	35	25
	高层	20	—	—	40	—	—

2.2.10 公共建筑内的净宽度要求

2.2.10.1 高层公共建筑内楼梯间的首层疏散门等与疏散楼梯的最小净宽度

高层公共建筑内楼梯间的首层疏散门、首层疏散外门、疏散走道与疏散楼梯的最小净宽度要求见表 2-14。

表 2-14 高层公共建筑内楼梯间的首层疏散门等与疏散楼梯的最小净宽度

单位：m

建筑类别	楼梯间的首层疏散门、首层疏散外门	疏散楼梯	走道（单面布房）	走道（双面布房）
高层医疗建筑	1.30	1.30	1.40	1.50
其他高层公共建筑	1.20	1.20	1.30	1.40

2.2.10.2 公共建筑内其他净宽度要求

公共建筑内其他净宽度要求见表 2-15。

表 2-15 公共建筑内其他净宽度要求

项目	数据/m	解说
公共建筑内疏散门、安全出口的净宽度	≥0.9	公共建筑内疏散门、安全出口的净宽度不得小于 0.9m
公共建筑内疏散走道、疏散楼梯的净宽度	≥1.1	公共建筑内疏散走道、疏散楼梯的净宽度不得小于 1.1m

2.2.10.3 电影院、剧场、礼堂、体育馆等场所的疏散走道等各自总净宽度要求

电影院、剧场、礼堂、体育馆等场所的疏散走道、疏散门、疏散楼梯、安全出口的各自总净宽度要求见表 2-16。

表 2-16 电影院、剧场、礼堂、体育馆等场所的疏散走道等各自总净宽度要求

项目	数据与解说
布置疏散走道时，横走道间的座位排数	不得超过 20 排
观众厅边走道的净宽度	不得小于 0.8m
观众厅内疏散走道的净宽度	可以根据每 100 人不小于 0.6m 来计算，并且不得小于 1m
纵向走道间的座位数（剧场、电影院、礼堂等）	(1) 每排不得超过 22 个，前后排座椅的排距不小于 0.9m 时，可以增加 1 倍，但是不得超过 50 个 (2) 仅一侧有纵走道时，座位数应减少一半
纵向走道间的座位数（体育馆）	(1) 每排不得超过 26 个，前后排座椅的排距不小于 0.9m 时，可以增加 1 倍，但是不得超过 50 个 (2) 仅一侧有纵走道时，座位数应减少一半

2. 2. 10. 4　电影院、剧场、礼堂等场所供观众疏散的所有内门等各自总净宽度要求

电影院、剧场、礼堂等场所供观众疏散的所有内门、外门、楼梯与走道的各自总净宽度，一般可以根据疏散人数（每 100 人的最小疏散净宽度要求的规定）来计算确定，即不小于表 2-17 的要求。

表 2-17　电影院、剧场、礼堂等场所每 100 人所需最小疏散净宽度

观众厅座位数/座		≤1200	≤2500
耐火等级		三级	一、二级
疏散部位	门和走道——平坡地面	0.85m/百人	0.65m/百人
	门和走道——阶梯地面	1m/百人	0.75m/百人
	楼梯	1m/百人	0.75m/百人

2. 2. 10. 5　体育馆供观众疏散的所有内门等各自总净宽度要求

体育馆供观众疏散的所有内门、外门、楼梯与走道的各自总净宽度，一般根据疏散人数（每 100 人的最小疏散净宽度要求的规定）来计算确定，即不小于表 2-18 的要求。

表 2-18　体育馆每 100 人所需最小疏散净宽度

观众厅座位数/座		3000～5000	5001～10000	10001～20000
疏散部位	门和走道——平坡地面/（m/百人）	0.43	0.37	0.32
	门和走道——阶梯地面/（m/百人）	0.50	0.43	0.37
	楼梯/（m/百人）	0.50	0.43	0.37

2. 2. 10. 6　其他公共建筑房间疏散门各自总净宽度要求

除了电影院、礼堂、剧场、体育馆外的其他公共建筑，其每层安全出口、房间疏散门、疏散走道与疏散楼梯的各自总净宽度可以按每 100 人的最小疏散净宽度计算确定，即不小于表 2-19 的要求。

表 2-19　每层的房间疏散门等每 100 人最小疏散净宽度

单位：m/百人

建筑层数		建筑的耐火等级		
		四级	三级	一、二级
地下楼层	与地面出入口地面的高差 $\Delta H \leqslant 10m$	—	—	0.75
	与地面出入口地面的高差 $\Delta H > 10m$	—	—	1.00
地上楼层	1～2 层	1.00	0.75	0.65
	3 层	—	1.00	0.75
	≥4 层	—	1.25	1.00

注：1. 每层疏散人数不等时，疏散楼梯的总净宽度可以分层计算，地下建筑内上层楼梯的总净宽度需要根据该层及以下疏散人数最多一层的人数来计算。

2. 地上建筑内下层楼梯的总净宽度需要根据该层及以上疏散人数最多一层的人数来计算。

2.3　燃烧性能和耐火极限

2.3.1　建筑楼板的燃烧性能与耐火极限要求

建筑楼板的燃烧性能与耐火极限要求见表 2-20（即不应低于表中的要求）。常见的楼板燃烧性能与耐火极限要求见表 2-21。

表 2-20　建筑楼板的燃烧性能与耐火极限要求　　单位：h

耐火等级 建筑类型	四级	三级	二级	一级
低层、多层建筑	—	0.50（不燃烧体）	1.00（不燃烧体）	1.50（不燃烧体）
高层建筑			1.00（不燃烧体）	1.50（不燃烧体）
住宅	0.50（难燃性）	0.75（不燃性）	1.00（不燃性）	1.50（不燃性）

表 2-21　常见的楼板燃烧性能与耐火极限要求

钢筋混凝土现浇整体式梁板耐火性能			
保护层厚度/mm	板厚/mm		
	80	90	100
10	不燃烧体 1.4h	不燃烧体 1.75h	不燃烧体 2.00h
20	不燃烧体 1.5h	不燃烧体 1.85h	不燃烧体 2.10h

钢筋混凝土圆孔空心预制板耐火性能		
保护层厚度/mm	预制板	
	非预应力	预应力
10	0.9h（不燃烧体）	0.4h（不燃烧体）
20	1.25h（不燃烧体）	0.7h（不燃烧体）
30	1.50h（不燃烧体）	0.85h（不燃烧体）

钢桁架上铺不燃烧体楼板的耐火性能		
钢梁保护材料	保护层厚度/mm	耐火性能/h
钢梁、钢桁架无保护层	0	0.25
钢梁、钢桁架有混凝土保护层	20	2.00
	30	3.00
钢梁、钢桁架涂厚型防火涂料	10	0.50
	15	1.85
钢梁、钢桁架涂薄型防火涂料	4	1.00
	6	1.50
钢梁、钢桁架加钢丝网抹灰保护层	10	0.50
	20	1.00
	30	1.25

2.3.2　民用建筑的耐火极限要求

民用建筑的耐火等级分为一级、二级、三级、四级。民用建筑相应构件的燃烧性能与耐火极限要求见表 2-22（即不低于表中的要求）。

表 2-22　民用建筑的耐火极限要求

构件		耐火极限/h			
		一级	二级	三级	四级
柱		不燃性 3.00	不燃性 2.50	不燃性 2.00	难燃性 0.50
梁		不燃性 2.00	不燃性 1.50	不燃性 1.00	难燃性 0.50
楼板		不燃性 1.50	不燃性 1.00	不燃性 0.50	可燃性
屋顶承重构件		不燃性 1.50	不燃性 1.00	可燃性 0.50	可燃性
疏散楼梯		不燃性 1.50	不燃性 1.00	不燃性 0.50	可燃性
吊顶（包括吊顶格栅）		不燃性 0.25	难燃性 0.25	难燃性 0.15	可燃性
墙	防火墙	不燃性 3.00	不燃性 3.00	不燃性 3.00	不燃性 3.00
	承重墙	不燃性 3.00	不燃性 2.50	不燃性 2.00	难燃性 0.50
	非承重外墙	不燃性 1.00	不燃性 1.00	不燃性 0.50	可燃性
	楼梯间和前室的墙 电梯井的墙 住宅建筑单元之间的墙和分户墙	不燃性 2.00	不燃性 2.00	不燃性 1.50	难燃性 0.50
	疏散走道两侧的隔墙	不燃性 1.00	不燃性 1.00	不燃性 0.50	难燃性 0.25
	房间隔墙	不燃性 0.75	不燃性 0.50	难燃性 0.50	难燃性 0.25

2.3.3　大型商业建筑的耐火极限要求

2.3.3.1　基本知识

大型商业建筑的耐火等级可以分为一级、二级，除了单层大型商业建筑的耐火等级可以采用二级外，其余一般都需要采用一级耐火等级。

大型商业建筑构件的燃烧性能与耐火极限要求见表 2-23（即不低于表中的要求）。

表 2-23 大型商业建筑构件的燃烧性能与耐火极限要求

构件		一级燃烧性能与 耐火极限/h	二级燃烧性能与 耐火极限/h
板——承重楼板、疏散楼梯、屋顶承重构件		不燃烧体 1.5	不燃烧体 1.5
承重梁		不燃烧体 2	不燃烧体 1.5
承重柱		不燃烧体 3	不燃烧体 2.5
吊顶		不燃烧体 0.25	不燃烧体 0.25
墙	承重墙、楼梯间、电梯井	不燃烧体 3	不燃烧体 2.5
	防火墙	不燃烧体 3	不燃烧体 3
	房间隔墙	不燃烧体 0.75	不燃烧体 0.5
	非承重外墙、疏散走道两侧的隔墙	不燃烧体 1	不燃烧体 1

2.3.3.2 一点通

单层大型商业建筑采用钢结构时，承重柱的耐火极限为 2h。

2.4 人员密度要求

2.4.1 商店营业厅、建材商店、家具与灯饰展示建筑人员密度要求

2.4.1.1 基本知识

商店营业厅的人员密度要求见表 2-24。商店的疏散人数，可以根据每层营业厅的建筑面积乘以相应的人员密度要求来计算。

表 2-24 商店营业厅的人员密度要求 单位：人/m²

楼层位置	地下第二层	地下第一层	地上第一、二层	地上第三层	地上第四层及以上各层
人员密度	0.56	0.6	0.43～0.6	0.39～0.54	0.30～0.42

2.4.1.2　一点通

建材商店、家具与灯饰展示建筑，其人员密度可以根据表 2-24 中规定值的 30% 来确定。

2.4.2　B、C 类场所商业营业厅的人员密度要求

营业场所分类中，B 类场所包括百货、服装等纺织制品、粮油食品、生活日用品、木制类建材、家具、灯具、医药、图书音像、电脑数码产品、家用电器、金融证券交易、餐饮、健身、休闲等场所；C 类场所包括机电产品、陶瓷、钢材、石材类建材、蔬菜、水果、水产品等交易场所。

B、C 类场所商业营业厅的人员密度要求见表 2-25（即不小于表中的规定要求）。

表 2-25　**B、C 类场所商业营业厅的人员密度要求**

单位：人/m^2

场所	地下二层	地下一层	地上一层	地上二层	地上三层	地上四层及四层以上各层
灯具、五金、洁具装饰材料市场	0.07	0.08	0.09	0.08	0.07	0.06
电脑城、书城	0.35	0.4	0.55	0.4	0.35	0.3
机电市场、家电市场	0.07	0.08	0.09	0.08	0.07	0.06
家具市场	0.08	0.09	0.1	0.09	0.08	0.06
陶瓷、石材、板材建材市场	0.03	0.04	0.05	0.04	0.03	0.02

2.4.3　其他商业营业厅的人员密度要求

表 2-25 没有列出的其他商业营业厅的人员密度要求见表 2-26、表 2-27（即不小于表中的规定要求）。

表 2-26 其他商业营业厅的人员密度要求（一）

单位：人/m^2

楼层位置	地下二层	地下一层	地上一层	地上二层	地上三层	地上四层及四层以上各层
人员密度	0.35	0.45	0.6	0.45	0.35	0.3

表 2-27 其他商业营业厅的人员密度要求（二）

单位：人/m^2

项目	人员密度
底层设有直通室外的安全出口，并且防火分区建筑面积为 10000m^2 时的营业厅	0.5
坡地大型商业建筑在平顶层、底层的营业厅	0.6
与轻轨、地铁车站相连层的营业厅	0.5

2.5 安全出口宽度以及营业面积与辅助面积的比例要求

2.5.1 疏散走道等疏散门的宽度要求

疏散走道、疏散楼梯、直通室外的疏散门的宽度要求见表 2-28（即按表中的规定取值）。另外，下层楼梯的总宽度需要根据上层的人数来计算。

表 2-28 疏散走道等疏散门的宽度要求

层数	安全出口净宽度/(m/百人)
地上三层	0.75
地上四层及四层以上各层	1
地上一、二层	0.65
地下二层	1
地下一层	0.75

2.5.2 商业建筑的营业面积与辅助面积的比例要求

2.5.2.1 基本知识

商业建筑的营业面积与辅助面积的比例要求见表 2-29。

表 2-29 商业建筑的营业面积与辅助面积的比例要求 单位:%

商场经营商品的种类	辅助面积比例	营业面积比例
灯具、装饰材料市场	15	85
地下商场、超市	30	70
服装等纺织品市场、机电市场、大型百货市场、家用电器市场、综合市场、电脑城	25	75
健身、餐饮、休闲场所	25	75
陶瓷、钢材、家具市场、石材类建材市场	10	90
其他	25	75

2.5.2.2 一点通

没有明确经营定位时,商业建筑的营业面积比例可以取 75%。

2.6 节水要求

2.6.1 生活用水的节水用水定额

公共建筑等平均日生活用水的节水用水定额,可以根据建筑物类型和卫生器具设置标准来确定,依据见表 2-30。

表 2-30 公共建筑等平均日生活用水的节水用水定额

建筑物类型及卫生器具设置标准	节水用水定额	单位
宿舍		
Ⅰ类、Ⅱ类	130～160	L/(人·d)
Ⅲ类、Ⅳ类	90～120	L/(人·d)
招待所、培训中心、普通旅馆		
设公用厕所、盥洗室	40～80	L/(人·d)
设公用厕所、盥洗室和淋浴室	70～100	L/(人·d)
设公用厕所、盥洗室、淋浴室、洗衣室	90～120	L/(人·d)
设单独卫生间、公用洗衣室	110～160	L/(人·d)
酒店式公寓	180～240	L/(人·d)
宾馆客房		
旅客	220～320	L/(床位·d)
员工	70～80	L/(人·d)
医院住院部		
设公用厕所、盥洗室	90～160	L/(床位·d)
设公用厕所、盥洗室和淋浴室	130～200	L/(床位·d)
病房设单独卫生间	220～320	L/(床位·d)
医务人员	130～200	L/(人·班)
门诊部、诊疗所	6～12	L/(人·次)
疗养院、休养所住院部	180～240	L/(床位·d)
养老院托老所		
全托	90～120	L/(人·d)
日托	40～60	L/(人·d)
幼儿园、托儿所		
有住宿	40～80	L/(人·d)
无住宿	25～40	L/(人·d)
公共浴室		
淋浴	70～90	L/(人·次)
淋浴、浴盆	120～150	L/(人·次)
桑拿浴（淋浴、按摩池）	130～160	L/(人·次)
餐饮业		
中餐酒楼	35～50	L/(人·次)
快餐店、职工及学生食堂	15～20	L/(人·次)
酒吧、咖啡厅、茶座、卡拉 OK 房	5～10	L/(人·次)
商场		
员工及顾客	4～6	L/(m²·d)
图书馆	5～8	L/(人·次)

续表

建筑物类型及卫生器具设置标准	节水用水定额	单位
书店 　员工 　营业厅	 27~40 3~5	 L/(人·班) L/(m² · d)
办公楼	25~40	L/(人·班)
教学实验楼 　中小学校 　高等学校	 15~35 35~40	L/(人·d) L/(人·d)
电影院、剧院	3~5	L/(观众·场)
会展中心（博物馆、展览馆） 　员工 　展厅	 27~40 3~5	 L/(人·班) L/(m² · d)
健身中心	25~40	L/(人·次)
体育场、体育馆 　运动员淋浴 　观众	 25~40 3	L/(人·次) L/(人·场)
会议厅	6~8	L/(座位·次)
客运站旅客、展览中心观众	3~6	L/(人·次)
菜市场冲洗地面及保鲜用水	8~15	L/(m² · d)
停车库地面冲洗用水	2~3	L/(m² · 次)
理发室、美容院	35~80	L/(人·次)
洗衣房	40~80	L/kg

注：1. 表中用水量包括热水用量在内，但空调用水需要另计。

2. 除了养老院、托儿所、幼儿园的用水定额中含食堂用水，其他均不含食堂用水。

3. 除特别注明外均不含员工用水，员工用水定额根据每人每班 30~45L 计算。

4. 每年用水天数一般根据使用情况来确定。

5. 选用用水定额时，可以根据当地气候条件、水资源状况等来确定，缺水地区需要选择低值。

6. 医疗建筑用水中不含医疗用水。

7. 用水人数或单位数一般以年平均值来计算。

2.6.2　热水平均日节水用水定额

　　公共建筑的生活热水平均日节水用水定额见表 2-31，根据水温、当地气候条件、生活习惯、卫生设备完善程度、热水供应时间、水资源情况等综合确定。

表 2-31 热水平均日节水用水定额

建筑物名称	节水用水定额	单位
酒店式公寓	65~80	L/(人·d)
宿舍		
Ⅰ类、Ⅱ类	40~55	L/(人·d)
Ⅲ类、Ⅳ类	35~45	L/(人·d)
招待所、培训中心、普通旅馆		
设公用厕所、盥洗室	20~30	L/(人·d)
设公用厕所、盥洗室和淋浴室	35~45	L/(人·d)
设公用厕所、盥洗室、淋浴室、洗衣室	45~55	L/(人·d)
设单独卫生间、公用洗衣室	50~70	L/(人·d)
宾馆客房		
旅客	110~140	L/(床位·d)
员工	35~40	L/(人·d)
医院住院部		
设公用厕所、盥洗室	45~70	L/(床位·d)
设公用厕所、盥洗室和淋浴室	65~90	L/(床位·d)
病房设单独卫生间	110~140	L/(床位·d)
医务人员	65~90	L/(人·班)
门诊部、诊疗所	3~5	L/(人·次)
疗养院、休养所住院部	90~110	L/(床位·d)
养老院托老所		
全托	45~55	L/(床位·d)
日托	15~20	L/(人·d)
公共浴室		
淋浴	35~40	L/(人·次)
淋浴、浴盆	55~70	L/(人·次)
桑拿浴（淋浴、按摩池）	60~70	L/(人·次)
理发室、美容院	20~35	L/(人·次)
洗衣房	15~30	L/kg
餐饮业		
中餐酒楼	15~25	L/(人·次)
快餐店、职工及学生食堂	7~10	L/(人·次)
酒吧、咖啡厅、茶座、卡拉OK房	3~5	L/(人·次)

续表

建筑物名称	节水用水定额	单位
办公楼	5~10	L/(人·班)
健身中心	10~20	L/(人·次)
体育场、体育馆 运动员淋浴 观众	 15~20 1~2	 L/(人·次) L/(人·场)
会议厅	2	L/(座位·次)
幼儿园、托儿所 有住宿 无住宿	 20~40 15~20	 L/(人·d) L/(人·d)

注：热水温度根据60℃来计。

2.6.3 各类建筑物分项给水百分率的确定

各类建筑物分项给水百分率见表2-32。

表 2-32　各类建筑物分项给水百分率　　单位：%

项目	宾馆、饭店	餐饮业、营业餐厅	宿舍	办公楼、教学楼	公共浴室
冲厕	10~14	5~6.7	30	60~66	2~5
厨房	12.5~14	93.3~95	—	—	—
淋浴	40~50	—	40~42	—	95~98
盥洗	12.5~14	—	12.5~14	34~40	—
洗衣	15~18	—	14~17.5	—	—
总计	100	100	100	100	100

2.7 节能要求

2.7.1 不同类型房间的人均占有建筑面积

不同类型房间的人均占有建筑面积见表 2-33。

表 2-33 不同类型房间的人均占有建筑面积

建筑类别	人均占有的建筑面积/(m^2/人)
办公建筑	10
宾馆建筑	25
商场建筑	8
医院建筑——门诊楼	8
学校建筑——教学楼	6

2.7.2 常用建筑各类主要用房的采光系数标准值和最小窗地面积比

常用建筑各类主要用房的采光系数标准值和最小窗地面积比见表 2-34。

表 2-34 常用建筑各类主要用房的采光系数标准值和最小窗地面积比

建筑类型	房间名称	顶部平天窗采光		侧面采光	
		采光系数平均值 C_{av}/%	最小窗地面积比	采光系数最低值 C_{min}/%	最小窗地面积比
图书馆文化馆档案馆	阅览室、开架书库、普通教室、研究室	3	1:11	2	1:5
	陈列室、电子阅览室、报告厅、目录室	1.5	1:18	1	1:7
	闭架书库	0.7	1:27	0.5	1:12

续表

建筑类型	房间名称	顶部平天窗采光		侧面采光	
		采光系数平均值 C_{av}/%	最小窗地面积比	采光系数最低值 C_{min}/%	最小窗地面积比
博物馆、美术馆	文物修复、技术工作室	3	1:11	2	1:5
	展厅（对光敏感的展品展厅）	1.5	1:18	1	1:7
旅馆	客房、大堂、餐厅、多功能厅	1.5	1:18	1	1:7
	会议厅	—	—	2	1:5
饮食建筑	餐厅、厨房加工间	—	—	1.5	1:6
汽车客运站	候车厅	1.5	1:18	1	1:7
医院	诊室、药房、治疗室、化验室	—	—	2	1:5
	候诊室、挂号处、病房、医生办公室	1.5	1:18	1	1:7
银行	营业厅	—	—	1.5	1:6
住宅	卧室、起居室、书房、厨房	1.5	1:18	1	1:7
	餐厅、过厅	0.7	1:27	0.5	1:12
宿舍	居室	1.5	1:18	1	1:7
各类建筑	楼梯间、走道、卫生间	0.7	1:27	0.5	1:12
托幼	音体活动室、活动室、乳儿室	3	1:11	2	1:5
	寝室、喂奶室、医务保健室、隔离室	—	—	1.5	1:6
中小学	普通教室、实验室、阶梯教室、报告厅	3	1:11	2	1:5
办公楼	设计室、绘图室	4.5	1:8.5	3	1:3.5
	办公室、会议室	3	1:11	2	1:5
	复印室、档案室	1.5	1:18	1	1:7

2.7.3 人员长时间停留房间内表面可见光反射比的要求

人员长时间停留房间内表面可见光反射比的要求见表 2-35。

表 2-35 人员长时间停留房间内表面可见光反射比的要求

房间内表面位置	可见光反射比
地面	0.30~0.50
顶棚	0.70~0.90
墙面	0.50~0.80

2.7.4 空气调节与供暖系统的日运行时间

空气调节与供暖系统的日运行时间见表 2-36。

表 2-36 空气调节与供暖系统的日运行时间

类别	系统工作时间	
宾馆建筑	全年	1：00~24：00
商场建筑	全年	8：00~21：00
医疗建筑——门诊楼	全年	8：00~21：00
学校建筑——教学楼	工作日	7：00~18：00
	节假日	—
办公建筑	工作日	7：00~18：00
	节假日	

2.7.5 照明功率密度值

照明功率密度值见表 2-37。

表 2-37　照明功率密度值

建筑类别	照明功率密度/(W/m^2)
医院建筑——门诊楼	9.0
学校建筑——教学楼	9.0
办公建筑	9.0
宾馆建筑	7.0
商场建筑	10.0

2.7.6　不同类型房间电器设备的功率密度

不同类型房间电器设备的功率密度见表 2-38。

表 2-38　不同类型房间电器设备的功率密度

建筑类别	电器设备功率/(W/m^2)
商场建筑	13
医院建筑——门诊楼	20
学校建筑——教学楼	5
办公建筑	15
宾馆建筑	15

2.7.7　集中供暖系统室内设计计算温度

2.7.7.1　基本知识

集中供暖系统室内设计计算温度见表 2-39。

表 2-39　集中供暖系统室内设计计算温度

类别	房间名称	室内温度/℃
一般房间	病房、诊室、幼儿活动室	20~22
	办公室、会议室、阅览室、教室、营业厅	18~20
	病人厕所、病房走廊	16~18
	公共洗手间、楼（电）梯、展览厅、候车厅、门厅	14~16

续表

类别	房间名称	室内温度/℃
特殊房间	浴室及其更衣室	25

2.7.7.2 一点通

辐射供暖室的室内设计温度一般需要降低2℃，辐射供冷室的室内设计温度一般需要提高0.5~1.5℃。

2.8 新风量、通风卫生要求、噪声要求

2.8.1 不同类型房间的人均新风量

不同类型房间的人均新风量见表2-40。

表 2-40 不同类型房间的人均新风量

建筑类别	新风量/ [m³/(h·p)]
医院建筑——门诊楼	30
学校建筑——教学楼	30
办公建筑	30
宾馆建筑	30
商场建筑	30
大堂、四季厅	10
办公室	30
客房	30

2.8.2 高密人群建筑每人所需最小新风量

高密人群建筑每人所需最小新风量见表2-41。

表 2-41　高密人群建筑每人所需最小新风量

单位：$m^3/(h \cdot 人)$

类型	$P_F \leqslant 0.4$	$0.4 > P_F \leqslant 1.0$	$P_F > 1.0$
歌厅	23	20	19
酒吧、咖啡厅、宴会厅、餐厅、游艺厅	30	25	23
体育馆	19	16	15
健身房	40	38	37
教室	28	24	22
图书馆	20	17	16
幼儿园	30	25	23
商场、超市	19	16	15
影剧院、音乐厅、大会厅、多功能厅、会议室	14	12	11
博物馆、展览厅、公共交通等候室	19	16	15

注：P_F 表示人员密度，其单位为"人/m^2"。

2.8.3　常用建筑各类主要用房的通风开口面积要求

常用建筑各类主要用房的通风开口面积要求见表 2-42。

表 2-42　常用建筑各类主要用房的通风开口面积要求

类型	房间名称	通风开口面积/地面面积
住宅	卧室、起居室、明卫生间	≥1/20
	厨房	≥1/10，且通风开口面积应≥0.6m^2
公共建筑	办公用房	≥1/20
	餐厅	≥1/16
	厨房和饮食制作间	≥1/10，且通风开口面积应≥0.8m^2
	营业厅	≥1/20
	卫生间、浴室	>1/20

类型	房间名称	通风开口面积/地面面积
其他	中小学教室、实验室	>1/10
	病房、候诊室	>1/15
	儿童活动室	>1/10
	宿舍居室	≥1/20

2.8.4 新风口与污染源的最小间隔距离

新风口与污染源的最小间隔距离见表2-43。

表2-43 新风口与污染源的最小间隔距离

污染源	最小距离/m
垃圾存储/回收区、大垃圾箱	5
冷却塔进气口	5
冷却塔排气口	7.5
停车场	7.5
污染气体排气口	5

2.8.5 民用建筑室内环境污染物浓度限量要求

2.8.5.1 基本知识

民用建筑室内环境污染物浓度限量要求见表2-44。

表2-44 民用建筑室内环境污染物浓度限量要求

污染物	Ⅱ类民用建筑工程	Ⅰ类民用建筑工程
苯/(mg/m³)	≤0.09	≤0.09
氨/(mg/m³)	≤0.5	≤0.2
TVOC/(mg/m³)	≤0.6	≤0.5

污染物	Ⅱ类民用建筑工程	Ⅰ类民用建筑工程
氡/(Bq/m³)	≤400	≤200
甲醛/(mg/m³)	≤0.12	≤0.08

2.8.5.2　一点通

　　Ⅰ类民用建筑工程包括住宅、医院、老年建筑、幼儿园、学校教室等民用建筑工程。Ⅱ类民用建筑工程包括办公楼、商店、旅馆、文化娱乐场所、书店、图书馆、展览馆、体育馆、公共交通等候室、餐厅、理发店等民用建筑工程。

2.8.6　室内二氧化碳浓度卫生标准值

　　公共建筑室内二氧化碳浓度需要符合表 2-45 的要求。

表 2-45　公共建筑室内二氧化碳浓度要求

公共建筑类型		CO_2 浓度值（1h 均值）/%
教育卫生建筑	学校、医疗机构	≤0.10
居住建筑公共使用部分	住宅、公寓	≤0.10
办公建筑	行政办公楼、商务写字楼	≤0.10
文化体育娱乐建筑	体育馆、游泳馆、健身房、音乐厅、影剧院	≤0.15
	图书馆、美术馆、游艺厅、歌舞厅	≤0.10
商业服务建筑	旅馆——3 星级及 3 星级以上	≤0.07
	旅馆——其他旅馆	≤0.10
	餐饮场所、商场、超市、金融信息机构的营业场所	≤0.15
	美容中心、洗浴中心	≤0.15
交通建筑	空港航站楼、铁路客运站、汽车客运站、港口客运站	≤0.15
	轨道交通站	≤0.15

2.8.7 设置集中空调通风系统的公共建筑室内新风量的要求

设置集中空调通风系统的公共建筑，其室内新风量设计参数要求见表 2-46。

表 2-46 设置集中空调通风系统的公共建筑室内新风量设计参数要求

公共建筑			新风量/[m³/(h·人)]
文化体育娱乐建筑	体育馆、游泳馆、健身房、音乐厅、影剧院		≥20
	图书馆、美术馆、游艺厅、歌舞厅		≥30
交通建筑	空港航站楼、铁路客运站、汽车客运站、港口客运站		≥30
	轨道交通站	采用通风系统开式运行时	≥30
		采用通风系统闭式运行时	≥12.6
教育卫生建筑	学校、医疗机构		≥30
居住建筑公共使用部分	住宅、公寓		≥30
商业服务建筑	旅馆——3星级及3星级以上		≥30
	旅馆——其他旅馆		≥20
	餐饮场所、商场、超市、金融信息机构的营业场所		≥20
	美容中心、洗浴中心		≥30
办公建筑	行政办公楼、商务写字楼		≥30

2.8.8 民用建筑各类主要用房的室内允许噪声级要求

2.8.8.1 基本知识

民用建筑各类主要用房的室内允许噪声级要求见表 2-47。

表 2-47　民用建筑各类主要用房的室内允许噪声级要求（昼间）

单位：dB

类别	房间	允许噪声级（A声级）			
		二级	三级	特级	一级
住宅	卧室、书房	≤45	≤50	—	≤40
	起居室	≤50	≤50	—	≤45
旅馆	客房	≤45	≤55	≤35	≤40
	会议室	≤50	≤50	≤40	≤45
	多用途大厅	≤50	—	≤40	≤45
	办公室	≤55	≤55	≤45	≤50
	餐厅、宴会厅	≤60	—	≤50	≤55
学校	有特殊安静要求的房间	—	—	—	≤40
	一般教室	≤50	—	—	—
	无特殊安静要求的房间	—	≤55	—	—
医院	病房、医务人员休息室	≤45	≤50	—	≤40
	门诊室	≤55	≤60	—	≤55
	手术室	≤45	≤50	—	≤45
	听力测听室	≤25	≤30	—	≤25

2.8.8.2　一点通

夜间室内允许噪声级的数值比昼间小 10dB（A）。

第3章
室外装饰装修数据尺寸

3.1 室外材料

3.1.1 外墙砖规格数据尺寸

3.1.1.1 基本知识

外墙砖相关规格数据尺寸见表 3-1。普通外墙砖厚度为 4～16mm，可定制厚度。

表 3-1 外墙砖相关规格数据尺寸　　　　单位：mm

项目	数据尺寸
外墙砖主要规格	25×25、23×48、45×45、45×95、45×145、95×95、100×100、45×195、100×200、50×200、60×240、60×200、70×280、60×235、200×400 等

3.1.1.2 一点通

外墙砖的尺寸规格需要根据实际情况来选择。因此，可以先根据空间特点预排看效果，然后再决定选择的规格。

3.1.2　室外装饰用木塑墙板的允许偏差与性能要求

　　室外装饰用木塑墙板尺寸的允许偏差见表 3-2。室外装饰用木塑墙板的物理性能要求见表 3-3。

表 3-2　室外装饰用木塑墙板尺寸的允许偏差

项目	尺寸允许偏差
长度/mm	允许偏差 $^{+5}_{-0}$
宽度/mm	公称宽度<90 时，允许偏差±0.5 公称宽度≥90 时，允许偏差±1.5
厚度/mm	公称厚度<15 时，允许偏差±0.5 公称厚度≥15 时，允许偏差±1.0
边缘直度/(mm/m)	最大值≤0.50
垂直度/(mm/m)	允许偏差≤0.50
翘曲度/(mm/m)	长度方向≤6.0

表 3-3　室外装饰用木塑墙板的物理性能要求

项目		要求
吸水率/%		基材发泡类：≤5.0；基材不发泡类：≤2.0
弹性模量/MPa		≥1200
维卡软化温度/℃		≥75
低温落锤冲击		−10℃无裂纹
板面握螺钉力/N		≥800
邵氏硬度/HD		≥55
吸水厚度膨胀率/%		≤1.0
漆膜附着力/级		≤2
抗冻融性能	抗弯强度保留率/%	≥80
耐冷热循环	尺寸变化率/%	≤0.5
抗弯强度/MPa		平均值：≥20.0
		最小值：≥16.0

3.1.3 户外用防腐实木地板的规格尺寸与允许偏差

3.1.3.1 基本知识

户外用防腐实木地板的常见规格尺寸见表 3-4，规格尺寸允许偏差见表 3-5。

表 3-4 户外用防腐实木地板常见规格尺寸

项目	长度	宽度	厚度
数值/mm	1200～2100	90～150	20～100

表 3-5 户外用防腐实木地板规格尺寸允许偏差

项目		尺寸偏差
边缘直度/(mm/m)		≤1.50
翘曲度	长度方向	公称长度≤1500mm 时，应≤0.5%；公称长度>1500mm 时，应≤0.8%
	宽度方向	≤0.3%
长度/mm		公称长度≤1500 时，±3.0
宽度/mm		±1.0
厚度/mm		±1.0

3.1.3.2 一点通

户外用防腐实木地板防腐性好，能够有效防止虫蚁和其他微生物的侵害。防腐木地板在加工过程中，有的需要加入药剂。

防腐地板的主要木材是樟子松。选购防腐木可以从光洁度、表面质量、颜色等方面来判断选择。

3.1.4 不同规格尺寸防腐木的应用

不同规格尺寸防腐木的应用参考见表 3-6。

表 3-6 不同规格尺寸防腐木的应用参考

规格尺寸/mm	应用参考
21×95、25×95	阳台地板、桑拿房地板及天花板、栅栏板、凳面、花格、别墅外墙挂板

续表

规格尺寸/mm	应用参考
28×95、30×95	露台地板、平台、步道、凳面、广场铺装、木桥板面、花架、花箱侧面板
30×50	阳台地龙骨
45×145	地板面（栈道）、架空平台龙骨
45×95、45×120	地板面（泳池、长堤）、花架、架空平台、凉亭的主梁
50×70	露台地龙骨
70×195	地板面（泳池、长堤）、花架结构主梁
70×70、80×80	龙骨、木柱、凳面等
95×95	凳脚、廊柱

3.1.5　建筑、园林景观工程用复合竹材的规格尺寸与允许偏差

建筑、园林景观工程用复合竹材的常用规格尺寸见表 3-7。

表 3-7　建筑、园林景观工程用复合竹材的常用规格尺寸

单位：mm

分类	长度	厚度	宽度
竹集成材	2000、2900、5800	19、38、56	100、140、250
竹重组材	1860、2200、2500	12、18、20、30	100、140、155、200

复合竹材的规格尺寸允许偏差见表 3-8。

表 3-8　复合竹材的规格尺寸允许偏差　　单位：mm

项目		尺寸偏差
长度	≤2000	+1
	>2000	+3

续表

项目		尺寸偏差
厚度	≤20	+0.5
	>20	+1
宽度	≤200	+0.5
	>200	+1

3.1.6　泡沫仿真石的规格尺寸

3.1.6.1　基本知识

泡沫仿真石的规格尺寸见表 3-9。

表 3-9　泡沫仿真石的规格尺寸

项目	尺寸数据/cm
泡沫仿真石	10、12、15、20、30、40、50、60、70 等，以及定做尺寸

3.1.6.2　一点通

其他户外仿真石头的尺寸规格与泡沫仿真假石头的尺寸规格十分接近。

3.2　室外桌、椅、凳

3.2.1　桌、椅、凳概述

椅凳常见规格尺寸见表 3-10。有的室外椅凳的规格尺寸可以参考室内椅凳的规格尺寸。

表 3-10　椅凳常见规格尺寸　　　　　　单位：mm

名称	坐高		坐深	坐宽	扶手高		总高	备注
	坐前高	坐后高			前高	后高		
餐椅	380~450	350~440	460~490	460~540	630~660	590~670	695~965	扶手跨度 750~800，前脚至后脚长度 1600~1830
躺椅	300~340	315~340	1380~1450	530~600	490~530	450~540	—	
折叠椅	435~440	390~410	440~450	480~490	650	600	1060~1170	扶手长度 390~490
脚凳	350~375	—	375~470	375~590	—	—	350~470	—
中高椅	420	380	470	485	720		980	—
高脚椅	530	500	470	485	880	830	970~1100	—
穿布椅	390~430	330~374	—	486~555	620~630	587~610	920~1020	—

室外桌子常见规格尺寸见表 3-11。

表 3-11　室外桌子常见规格尺寸　　　　　　单位：mm

项目	尺寸、规格	项目	尺寸、规格
餐桌（长×宽×高）	500×500×560 600×600×（710、720、740、750） 700×700×（710、720、740、750） 960×960×（710、720、740、750） 800×600×（710、720、740、750） 1150×645×（710、720、740、750） 1500×900×（710、720、740、750） 1500×960×（710、720、740、750） 1530×980×（710、720、740、750）	餐桌（长×宽×高）	1580×1000×（710、720、740、750） 1600×900×（710、720、740、750） 1600×960×（710、720、740、750） 1600×1000×（710、720、740、750） 1700×1100×（710、720、740、750） 1700×960×（710、720、740、750） 1800×1000×（710、720、740、750）

续表

项目	尺寸、规格	项目	尺寸、规格
高脚桌 （长×宽 ×高）	915×915×840 920×920×830 1100×500×990	方餐桌 （长×宽 ×高）	1800×1100×（710、720、740、750） 1800×1060×（710、720、740、750） 1900×960×（710、720、740、750） 1980×1120×（710、720、740、750） 2100×1100×（710、720、740、750）
咖啡桌	600×600×750、1200×600×750、1600×800×750、600×600×600、1200×600×600 等		
咖啡圆桌	直径：900、1200、1350、1500、1800 高：600、750		
阳台桌 （长×宽 ×高）	1200×600×（710、720、740、750）	圆餐桌 （直径× 高）	560×（710、720、740、750） 600×（710、720、740、750） 700×（710、720、740、750） 760×（710、720、740、750） 1060×（710、720、740、750） 1200×（710、720、740、750）

3.2.2 室外桌子规格尺寸

3.2.2.1 基本知识

室外桌子规格尺寸见表 3-12。

表 3-12 室外桌子规格尺寸 单位：cm

类型	尺寸规格
圆桌 （直径×高）	φ70×H72、φ60×H72、φ80×H72、φ70×H75、φ60×H72、φ45×H50、φ70×H70、φ50×H57、φ60×H70、φ60×H75、φ80×H75、φ90×H75 等
方桌 （长×宽×高）	70×70×72、80×80×73、70×70×75、70×70×70、60×60×70、160×90×73、150×90×73、120×80×73 等

3.2.2.2 图例

室外桌子规格尺寸图例如图 3-1 所示。

图 3-1 室外桌子规格尺寸图例

3.2.3 室外椅子规格尺寸

3.2.3.1 基本知识

室外椅子规格尺寸见表 3-13。该类室外椅子主要是座椅。

表 3-13　室外椅子规格尺寸　　　　　　单位：cm

项目	数据尺寸
常见规格 （长度×宽度×高度）	55×56×45、54×55×45、57×58×43、44×55×42 等

3.2.3.2　图例

室外椅子规格尺寸图例如图 3-2 所示。

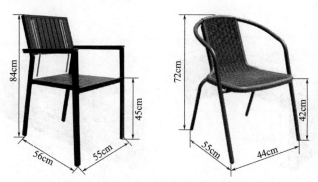

图 3-2　室外椅子规格尺寸图例

3.2.4　室外休息椅尺寸规格

3.2.4.1　基本知识

室外休息椅尺寸规格见表 3-14。该类户外椅子主要是可躺、可坐的椅子。

表 3-14　室外休息椅尺寸规格　　　　　　单位：cm

项目	数据尺寸
规格 （长度×宽度×高度）	150×40×73、150×39×39、100×40×45、100×40×45、120×40×45、150×40×45、180×40×45、200×40×45、220×40×45、长度定制×40×45 等

3.2.4.2　图例

室外休息椅的尺寸规格图例如图 3-3 所示。

图 3-3 室外休息椅的尺寸规格图例

3.2.5 室外园椅的相关数据尺寸

3.2.5.1 基本知识

园椅的相关数据尺寸见表 3-15。该类户外椅子主要是指适合公园游人使用的椅子。

表 3-15　园椅的相关数据尺寸

项目	数据尺寸
扶手与座面的距离/mm	200～250
园椅的座面倾角/(°)	5～23
园椅座的高度/mm	400～440
靠背园椅的座深/mm	340～420
一般园椅的座宽/mm	≥500
一般园椅的座宽（带扶手的）/mm	≥550

3.2.5.2　一点通

园椅的座高一般是指座面中轴线前部的高点到地面的距离。园椅的座高会影响坐姿和舒适程度。不合理的座高容易使人疲劳：座面过高，则使人两腿悬空不能与地面接触；座面过低，则会使人的膝盖拱起。

园椅舒适的座高尺寸是使人的大腿呈现水平状态，小腿自然放松，脚掌平放在地面上。

人体身高差异很大，硬性规定一种园椅的座高不符合实际情况。确定园椅座高的基本要求是美观、舒适。

园椅的座深一般是指座面前沿到座面与背面相交线的距离。选择靠背园椅，往往需要考虑其座深。考虑园椅的座深，就是要使腰部能够舒适地靠着、臀部能够充分得到支撑、小腿能够自然活动、大腿肌肉不受压迫等。座深过深，则靠背悬空会失去支撑；座深过浅，则大腿悬空易使小腿疲劳。

园椅的座宽一般是指座面的横向宽度。座宽一般是根据人体臀部尺寸和适当的活动范围来确定的。由于公众场所需要满足多数人的要求，因此，园椅的座宽应尽可能宽一些。

园椅的座面倾角一般是指座面与水平面的夹角。合理的座面倾角有助于保持使用者身躯的稳定性，进而提高椅子的舒适性。

园椅扶手要使人的手臂能够自然放下，增加舒适性和支撑性。园椅扶手的高度不能够过低或者过高，以舒适、美观为原则。

3.2.6　玻璃钢石头座椅的规格尺寸

3.2.6.1　基本知识

玻璃钢石头座椅的规格尺寸见表 3-16。

表 3-16　玻璃钢石头座椅的规格尺寸　　　　单位：cm

项目	尺寸数据
玻璃钢石头座椅	90×72×39、66×64×45、49×45×27、82×54×32 等

3.2.6.2　图例

玻璃钢石头座椅的规格尺寸图例如图 3-4 所示。

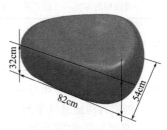

图 3-4　玻璃钢石头座椅的规格尺寸图例

3.2.7　折叠椅规格尺寸

3.2.7.1　基本知识

折叠椅的规格尺寸见表 3-17。

表 3-17　折叠椅的规格尺寸

座前宽 B_3/mm	座深 T_1/mm	背长 L_2/mm	座倾角 α/(°)	背倾角 β/(°)
340～420	340～440	≥350	3～5	100～110

注：特殊要求或合同要求时，各类尺寸由供需双方约定，不受此限。

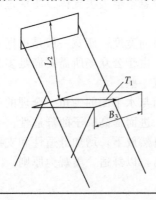 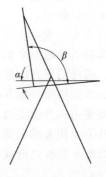

3.2.7.2 一点通

户外家具的分级如图 3-5
所示。户外家具的材料一般选
择实木、炭化木、环保木等。

图 3-5 户外家具的分级

3.3 室外灯和室外消火栓

3.3.1 庭院灯的规格尺寸

3.3.1.1 基本知识

庭院灯的规格尺寸见表 3-18。

表 3-18 庭院灯规格尺寸　　　　　　单位：m

名称	尺寸
庭院灯（宽度×高度）	0.66×（3.5、3.18、2.9、2.55、2.3 等），0.23×（1.15、0.85 等），0.4×（3、3.9、3.4 等）、定制尺寸等

3.3.1.2 图例

庭院灯规格尺寸图例如图 3-6 所示。

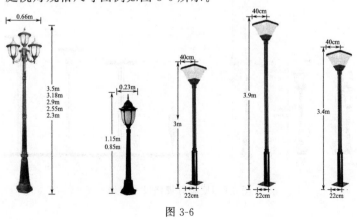

图 3-6

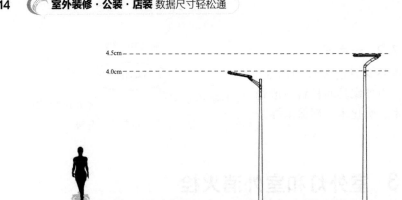

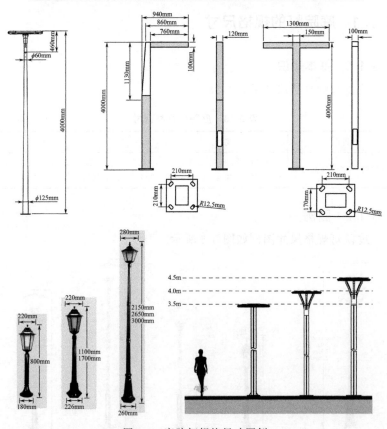

图 3-6　庭院灯规格尺寸图例

3.3.2 草坪灯规格尺寸

3.3.2.1 基本知识

草坪灯规格尺寸见表 3-19。

表 3-19 草坪灯规格尺寸　　　　　　　　单位：mm

名称	尺寸
草坪灯（宽度×高度）	160×700、90×400、90×600、定制尺寸等

3.3.2.2 图例

草坪灯规格尺寸图例如图 3-7 所示。

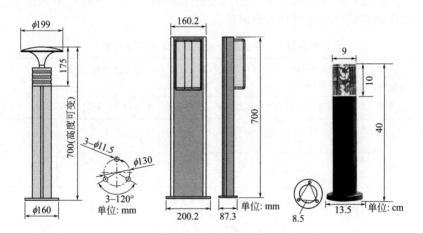

图 3-7　草坪灯规格尺寸图例

3.3.3 室外消火栓相关数据尺寸

3.3.3.1 基本知识

消火栓的分类依据见表 3-20。

表 3-20   消火栓的分类依据

项目	分类依据的数据
根据消火栓进水口的公称通径分类	100mm 消火栓、150mm 消火栓
根据消火栓的公称压力分类	1MPa 消火栓、1.6MPa 消火栓（其中承插式消火栓为 1MPa、法兰式消火栓为 1.6MPa）

消火栓开启高度（除调压型消火栓外）见表 3-21。

表 3-21   消火栓开启高度（除调压型消火栓外）单位：mm

项目	分类依据的数据
进水口公称通径为 100 的消火栓开启高度	>50
进水口公称通径为 150 的消火栓开启高度	>55

法兰式消火栓的法兰连接尺寸要求见表 3-22。承插式消火栓的承插口连接尺寸应符合的要求见表 3-23。

表 3-22   法兰式消火栓的法兰连接尺寸要求

进水口公称通径/mm	法兰外径 D/mm		螺栓孔中心圆直径 D_1/mm		螺栓孔直径 d_0/mm		螺栓数/个
	基本尺寸	极限偏差	基本尺寸	极限偏差	基本尺寸	极限偏差	
100	220	±2.80	180	±0.50	17.5	±0.43 0	8
150	285	±3.10	240	±0.80	22.0	+0.52 0	

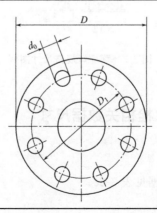

表 3-23 承插式消火栓的承插口连接尺寸要求 单位：mm

承插式消火栓承插口连接尺寸（一）				
进水口公称通径	各部位尺寸			
	a	b	c	e
100～150	15	10	20	6

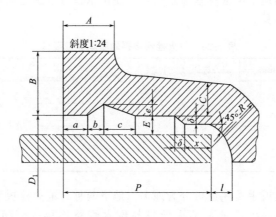

承插式消火栓承插口连接尺寸（二）										
进水口公称通径	承插口内径	A	B	C	E	P	l	δ	x	R
100	138.0	36	26	12	10	90	9	5	13	32
150	189.0	36	26	12	10	95	10	5	13	32

消防接口要求见表 3-24。

表 3-24 消防接口要求

项目	要求/mm
进水口公称通径为 100mm 的消火栓上的吸水管连接口的螺纹	M125×6
进水口公称通径为 150mm 的消火栓上的吸水管连接口的螺纹	M170×6

减压稳压型消火栓的稳压性能要符合表 3-25 的规定。减压稳压型消火栓就是能够将规定范围内的进水口压力减到某一出水口压力，并使出水口压力自动保持稳定的一种消火栓。

表 3-25　减压稳压型消火栓的稳压性能

进水口压力/MPa	出水口压力/MPa	流量/(L/s)
0.4~1.2	0.25~0.35	≥5.0

消火栓连接器的基本参数要符合表 3-26 的规定。消火栓连接器是一种能与地下消火栓快速连接，并使出水口移升到地面以上的一种消防供水器具。

表 3-26　消火栓连接器的基本参数要求

公称通径/mm	公称压力/MPa	出水口径/mm	适用介质
100	1.6 1.0	65×65	水、泡沫混合液
		100	
150		80×80	
		150	

消火栓扳手按用途可分为地上、地下两种。消火栓扳手的基本尺寸要求见表 3-27。地上消火栓是与供水管路连接，由阀、出水口、栓体等组成，且阀、出水口、部分栓体露出地面的消防供水（或泡沫混合液）装置。地下消火栓是与供水管路连接，由阀、出水口、栓体等组成，且安装在地下的消防供水（或泡沫混合液）装置。

表 3-27　消火栓扳手的基本尺寸要求　　　单位：mm

代号	地下消火栓扳手	地上消火栓扳手
A	200	65−1.0
A1	—	15
B	30	45
C	20	—
D	—	φ45
D1	φ42	—
D2	φ20	—
D3	φ20	—
L	1000	400

续表

代号	地下消火栓扳手	地上消火栓扳手
$L1$	46	100
$L2$	$30_{-1.0}$	55
S	$32^{+1.0}$	$55^{+1.0}$
$S1$	$29^{+1.0}$	125
R	—	$17.5^{+1.0}$

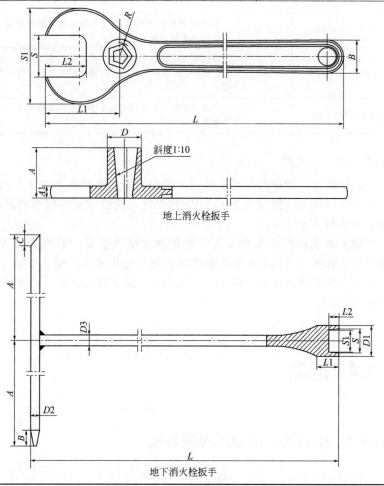

地上消火栓扳手

地下消火栓扳手

注：消火栓扳手是一种能控制消火栓开和关的工具。

常规消火栓箱的规格尺寸与特点见表 3-28。

表 3-28   常规消火栓箱的规格尺寸与特点

规格尺寸/mm	箱体板厚度/mm	特点
1200×700×240	1	箱内往往包括室内消火栓1或2个、消防水枪1或2支、消防水带1或2盘
1500×700×240	1.2	箱内往往包括室内消火栓1个、水枪1支、消防水带1盘、启泵按钮1只、干粉灭火器3只
1600×750×240	1.2	箱内往往包括室内消火栓1个、消防软管卷盘1套、启泵按钮1只、干粉灭火器3只
1800×700×240	1.2	箱内往往包括室内消火栓1或2个、消防水枪1或2支、消防水带1或2套、启泵按钮1只、干粉灭火器3只
800×650×240	1	箱内往往包括室内消火栓1个、消防水枪1支、消防水带1盘

3.3.3.2   一点通

调压型消火栓应具有调压性能，当消火栓进水口压力在 1.2MPa 时，出水口压力一般在 0.3~1MPa 间可调。折叠式消火栓的展开时间一般不得大于 30s。

地上消火栓扳手五角头与 S 处的硬度范围要求一般为 40~48。地下消火栓扳手传动方孔和扳柄两端的硬度范围要求一般为 35~45。地上消火栓扳手的质量一般不大于 2.5kg。地下消火栓扳手的质量一般不大于 3kg。

3.4   运动

3.4.1   体育用人造草的规格数据

体育用人造草的规格数据见表 3-29。

表 3-29 体育用人造草的规格数据

使用场地		基布类型	草丝型号 Dtex	草丝高度 /mm	横向密度 /(行/m)	纵向密度 /(簇/m)
训练	足球场	复合	11000	50	52.5 或 63	200 或 170
	篮球场	复合	6600	8	210	220
比赛	足球场	复合	11000	50	52.5 或 63	200 或 170
	曲棍球场	复合	6600	13	210 或 252	300
小学	足球场	复合	8800	32	52.5 或 63	200 或 170
	篮球场	复合	6600	8	126 或 210	200
	跑道	复合	8800	20	105	200
	活动区	复合	8800	20	63 或 105	170
中学	足球场	复合	8800	50	52.5 或 63	200 或 170
	篮球场	复合	6600	8	210	220
	跑道	复合	8800	20	105	200
	活动区	复合	8800	20	63 或 105	170
大学	足球场	复合	11000	50	52.5 或 63	200 或 170
	篮球场	复合	6600	8	210	220
	活动区	复合	8800	20	63 或 105	170

注：以上数据为最低要求。

3.4.2 室外塑胶跑道相关要求

室外塑胶跑道面层橡胶颗粒中总高聚物含量限量要求见表 3-30。

表 3-30 室外塑胶跑道面层橡胶颗粒中总高聚物含量限量要求

分类		总高聚物含量/%
橡胶颗粒	天然橡胶	≥40
	丁苯橡胶	
	丁腈橡胶	
	顺丁橡胶	

续表

分类		总高聚物含量/%
橡胶颗粒	丁基橡胶	≥40
	异戊橡胶	
	硅橡胶	
	三元乙丙橡胶	≥15
	聚氨酯橡胶	

塑胶跑道用标线涂料中有害物质的限量要求见表 3-31。

表 3-31 塑胶跑道用标线涂料中有害物质的限量要求

项目		技术要求	
		溶剂型	水基型
挥发性有机化合物（VOC）/（g/L）		≤420	≤150
重金属/（mg/kg）	可溶性铅	≤50	
	可溶性镉	≤10	
	可溶性铬	≤10	
	可溶性汞	≤2	
苯/（g/kg）		≤3	—
甲苯、乙苯和二甲苯总和/（g/kg）		≤400	—
游离甲醛 /（mg/kg）		—	≤100

3.4.3 室外沙滩排球用沙相关数据

室外沙滩排球用沙相关数据见表 3-32。

表 3-32 室外沙滩排球用沙相关数据

沙的颗粒级配						
项目	粒径/mm					
	>2.0	1.0～2.0	0.25～1.0	0.15～0.25	0.05～0.15	<0.05
质量百分数/%	0	0～6	80～92	7～18	<2.0	<0.15

沙的理化性能指标		
项目	数值	
颜色	光亮度	黄度
	71.00～75.00	14.00～17.00
棱角性/%	42.0～45.0	
含泥量/%	＜0.5	
酸溶物/%	＜1.5	
含水率/%	＜5.0	
$SiO_2+Al_2O_3$/（wt%）	＞95	

3.4.4 室外秋千相关数据

3.4.4.1 基本知识

室外秋千相关数据尺寸见表 3-33。

表 3-33 室外秋千相关数据尺寸　　　　　单位：cm

项目	尺寸规格
长度	170、60、45、140、150、300 等
宽度	102、120、90、150 等
高度	168、152、235、202、200 等
藤编秋千、巢形秋千吊椅	高 200×宽 80×深 110、长 116×宽 135×深 75、宽 85×高 117×深 66 等
实木吊椅	高 1000×宽 1000×深 500、长 165×宽 110×深 180、长 180×座长 120×高 180 等
一般花园吊椅（长×宽×深）	105×95×68、125×105×78、103×95×64 等

3.4.4.2 图例

室外秋千相关数据尺寸图例如图 3-8 所示。

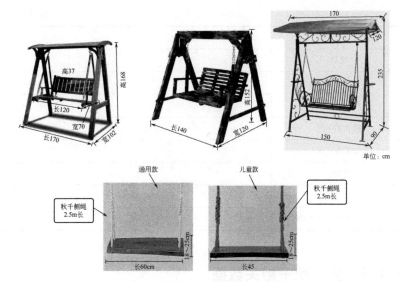

图 3-8　室外秋千相关数据尺寸图例

3.4.4.3　一点通

　　秋千可以分为室内秋千与室外秋千,其主要区别在于室外秋千更要适应室外环境的需要。因此,室外秋千主要体现在材料与体量方面。有的室内秋千与室外秋千可以通用。

　　秋千还可以分为双人秋千、单人秋千、多人秋千等种类。

　　秋千的具体尺寸可以根据实际需要定制。定制时,应根据使用者的平均身高、体重等来确定合适的尺寸。

3.4.5　室外乒乓球桌规格尺寸

3.4.5.1　基本知识

　　室外乒乓球桌的规格尺寸见表 3-34。

表 3-34　室外乒乓球桌规格尺寸　　　　单位:mm

项目	尺寸数据
室外乒乓球桌	2740×1525×760（台面厚 15）等

3.4.5.2　图例

室外乒乓球桌的规格尺寸图例如图 3-9 所示。

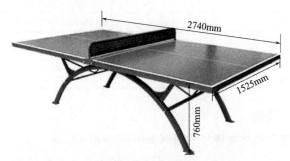

图 3-9　室外乒乓球桌规格尺寸图例

3.4.5.3　一点通

室外乒乓球桌有的可以折叠，有的可以移动。

3.4.6　室外健身器材规格尺寸

3.4.6.1　基本知识

室外健身器材的规格尺寸见表 3-35。

表 3-35　室外健身器材的规格尺寸　　　　单位：mm

名称	尺寸规格
单杠	2300×1200×200 等
单人平步机	1300×1000×600 等
荡椅	2000×2000×900 等
地上单人漫步机	1200×1100×500 等
地上双人漫步机	1900×1100×500 等
二合一（漫步机+腿部按摩器）	1100×800×1200 等
加强型双人漫步机	1900×1100×800 等
加强型台式单人漫步机	1300×900×600 等
肩关节康复器	1300×1200×1200 等
三合一（漫步机+腿部按摩器+扭腰机）	1800×800×1200 等
双杠	2700×1700×800 等

名称	尺寸规格
双位高低杠	2300×2500×200 等
双柱跷跷板	2300×800×500 等
四合一训练器	2100×800×1500 等
五柱双人秋千	2100×2100×900 等
腰部按摩器	2150×1400×600 等

3.4.6.2　图例

室外健身器材规格尺寸图例如图 3-10 所示。

双人落地漫步机

120cm
110cm
168cm

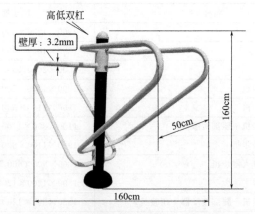

高低双杠

壁厚：3.2mm

160cm
50cm
160cm

图 3-10　室外健身器材规格尺寸图例

3.5 其他

3.5.1 室外太阳伞相关数据尺寸

3.5.1.1 基本知识

太阳伞是遮阳伞的一种，其相关数据尺寸见表 3-36。

表 3-36 太阳伞相关数据尺寸 单位：m

项目	有关数据尺寸
大太阳伞的直径尺寸（圆形）	1.3～6
单边太阳伞尺寸（方形）	1.8×1.8、2.1×2.1、3×3、2.18×2.18 等
单边太阳伞直径尺寸（圆形）	3、2.7、2.5 等
中柱铝太阳伞（方形）	3×3 等
中柱铝太阳伞直径（圆形）	2.7（双层）、2.5、3、3.5 等
中柱木太阳伞直径（圆形）	2.7 等
中柱木太阳伞（方形）	3×3、2.5×2.5 等
香蕉太阳伞直径（圆形）	3、2.7 等
吊太阳伞（方形）	4×3、3×3 等
罗马太阳伞（方形）	3.5×3.5、3×3、2.5×2.5 等
罗马太阳伞直径（圆形）	3、3.5 等
电动太阳伞直径（圆形）	4、3.5 等
电动太阳伞（方形）	4×4、3.5×3.5 等
太阳伞常规尺寸伞面直径（圆形）	2.3、2.4、2.5、2.6、2.8、3 等
太阳伞最常见的尺寸	伞高 2.4、伞面直径 2.4 的圆太阳伞
小太阳伞直径尺寸	≤1.3

3.5.1.2 一点通

太阳伞主要用于遮防太阳光直接照射、阻挡雨水等。选择太阳伞时，需要根据实际需求来确定太阳伞的尺寸。

小太阳伞的手柄应便于手握，主要用于单人旅行中的遮阳防雨。大太阳伞一般固定在地面，用于货物、多人的遮阳与防雨。优质的大型太阳伞，还具备防紫外线、防雨、抗风等功能特点。

3.5.2 室外花架规格尺寸

3.5.2.1 基本知识

室外花架规格尺寸见表 3-37。

表 3-37 室外花架规格尺寸　　　单位：mm

名称	尺寸
室外花架 （长度×宽度 ×高度）	600×520×540、800×520×540、1000×520×540、1200×520×540、800×800×800、1000×800×800、1200×800×800、500×250×900、500×250×1200、800×250×900、800×250×1200、1000×250×900、1000×250×1200、1200/1400/1600×250×900、1200/1400/1600×250×1200、500/800/1000/1200/1400/1600×300×900、500/800/1000/1200/1400/1600×300×1200、定制尺寸等

3.5.2.2 图例

室外花架规格图例如图 3-11 所示。

3.5.3 室外花箱（花盆）规格尺寸

3.5.3.1 基本知识

室外花箱（花盆）的规格尺寸见表 3-38。

表 3-38 室外花箱（花盆）规格尺寸　　　单位：cm

名称	尺寸
长方形 （长度×宽度×高度）	80/100/120/150/180×30×60、100×55×30、150×75×40、180×100×45、200×120×50、定制尺寸等
正方形 （长度×宽度×高度）	55×55×50、75×75×70、100×100×80、120×120×90、定制尺寸等

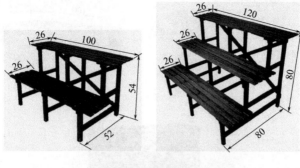

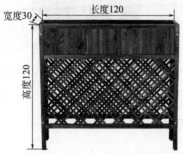

图 3-11　室外花架规格图例（单位：cm）

3.5.3.2　图例

室外花箱（花盆）的规格尺寸如图 3-12 所示。

3.5.4　室外垃圾桶规格尺寸

3.5.4.1　基本知识

室外垃圾桶的规格尺寸见表 3-39。

表 3-39　室外垃圾桶规格尺寸　　　　　单位：mm

名称	尺寸
室外垃圾桶 （长度×宽度×高度）	735×310×680、860×380×890、720×360×740、680×400×800、900×300×690、600×300×710、780×360×950、1300×360×950、1080×360×950、定制尺寸等

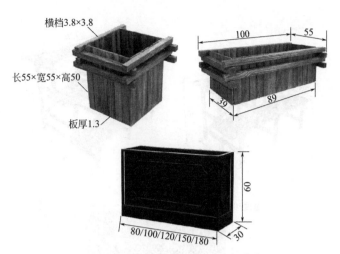

图 3-12 室外花箱（花盆）规格尺寸（单位：cm）

3.5.4.2 图例

室外垃圾桶的规格尺寸图例如图 3-13 所示。

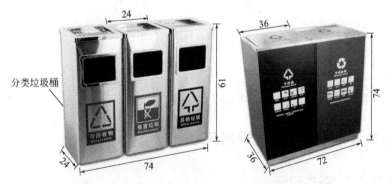

图 3-13 室外垃圾桶规格尺寸图例（单位：cm）

第4章
公装数据尺寸

4.1 办公与商业商场

4.1.1 办公家具数据尺寸规格

4.1.1.1 基本知识

办公家具常见数据尺寸规格见表 4-1。

表 4-1 办公家具常见数据尺寸规格 　　单位：mm

项目		数据尺寸
办公茶几	3～4 人位气派型（长度×宽度×高度）	800×740×710、1800×740×710 等
	3～4 人位实用型（长度×宽度×高度）	860×840×820、1860×840×820 等
	两人位（长度×宽度×高度）	880×780×780 等
	前置型（长度×宽度×高度）	900×400×400
	三人位（长度×宽度×高度）	2000×780×780 等
	中心型（长度×宽度×高度）	900×900×400、700×700×400 等
	左右型（长度×宽度×高度）	600×400×400

续表

项目		数据尺寸
办公 会议室	环式高级会议室环形内线长	700～1000
	环式会议室服务通道宽	600～800
	中心会议室会议桌边长	600
办公 沙发	高度	350～400
	靠背高度	700～1000
	宽度	600～800
办公 书柜	高度	1800
	宽度	1200～1500
	深度	450～500
办公 书架	高度	1800
	宽度	1000～1300
	深度	350～450
办公椅	长度×宽度	450×450
	高度	400～450
办公桌	长度	1200～1600
	高度	700～800
	宽度	500～650
常规 会议桌	人均占有边长	750
办公 屏风	低位	≤1200
	高位	≥2050
	中位	1520

4.1.1.2 图例

办公家具的相关数据尺寸图例如图 4-1 所示。

4.1.1.3 一点通

目前，办公家具也可以定制。办公门、通道的高度需要根据员工的身高来确定。一般认为，门的高度要在身高的基础上再增加约 30cm。

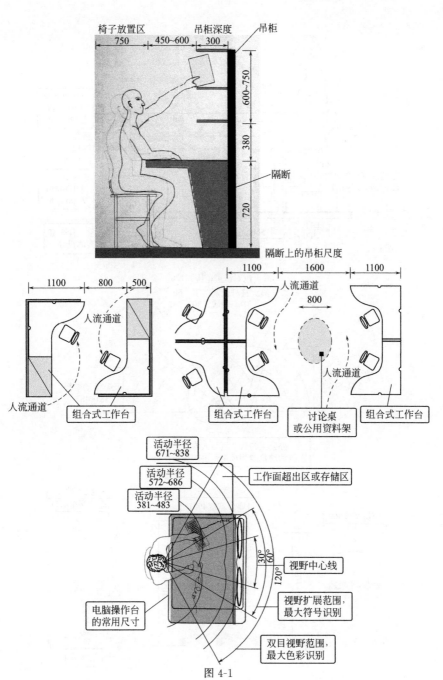

图 4-1

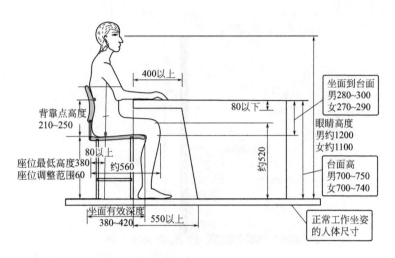

背靠点高度
210~250

坐面到台面
男280~300
女270~290

400以上

80以下

眼睛高度
男约1200
女约1100

座位最低高度380
座位调整范围60

80以上

约560

约520

台面高
男700~750
女700~740

坐面有效深度
380~420

550以上

正常工作坐姿
的人体尺寸

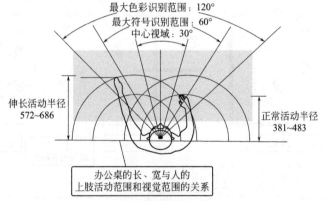

最大色彩识别范围：120°
最大符号识别范围：60°
中心视域：30°

伸长活动半径
572~686

正常活动半径
381~483

办公桌的长、宽与人的
上肢活动范围和视觉范围的关系

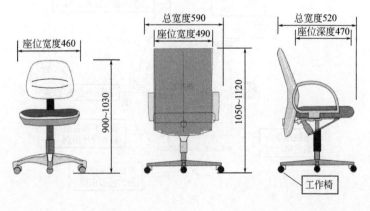

座位宽度460

900~1030

总宽度590
座位宽度490

1050~1120

总宽度520
座位深度470

工作椅

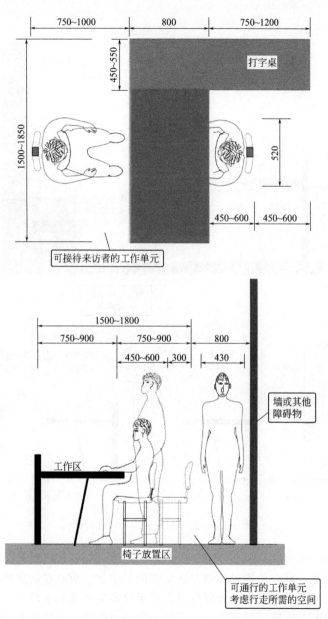

图 4-1

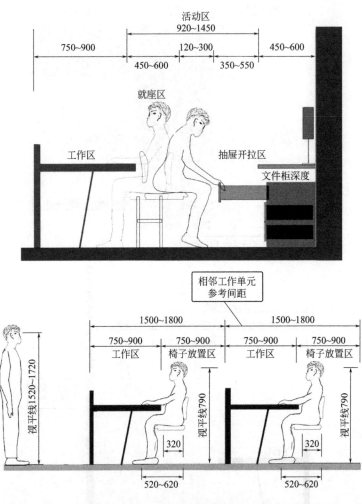

图 4-1　办公家具相关数据尺寸图例

　　办公屏风、开放式办公区内隔断的高度，需要根据眼高和坐姿眼高来确定。低办公屏风可以保证坐姿的私密性，而且在站立时仍可自屏风顶部看出去。中办公屏风可以提供更高的视觉私密性，而且在站立时仍可自屏风顶部看出去。高办公屏风可以提供最高的私密性，但是可能会存在压迫感。办公屏风的高低图例如图 4-2 所示。

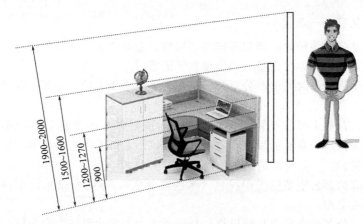

图 4-2 办公屏风高低图例

　　办公空间的大小是选择茶几尺寸和形状的依据。如果办公空间大，则可以考虑搭配主沙发的大茶几，较高的边几可作为功能性兼装饰性的小茶几，以增添空间趣味与变化。如果办公空间不大，则选择椭圆形、方形小茶几为佳，并且以柔和的造型让空间显得轻松无局促感。

　　选择茶几的大小，需要首先明确沙发是主，宜高大，茶几是宾，宜矮小，二者必须配合。茶几的形状以长方形和椭圆形最为常见，尽量避免选择带尖角的茶几。

　　多数情况下，选用茶几以低且平为宜。如果人坐在沙发中，茶几的高以不过膝为宜。摆放在沙发前面的茶几应有一定的空间，以便于活动。

4.1.2　办公空间相关数据尺寸

4.1.2.1　基本知识

　　办公空间的相关数据尺寸见表 4-2。

表 4-2　办公空间相关数据尺寸　　　　单位：m²

项目	相关数据尺寸
小型办公空间一般面积	≤40
中型办公空间一般面积	40～150

4.1.2.2 一点通

办公室装修时，需要考虑装修风格、企业文化、办公室内涵、太阳照射方位、办公设备、环境植物等因素。

随机会议时间的办公室和会议室，可以采用人造冷光源以避免自然光。

天花板上可以安装 L 形框架灯具，或者在角落安装 L 形框架灯具，即依靠天花板的反射和散射照亮会议室，灯光不直接照射物体与办公者。

有的办公室墙壁采用浅色（米色或灰色），有的会议桌使用浅色桌面或桌布。

小公司的办公室装修风格，与公司实力和文化保持一致为好；大公司的办公室装修风格应该体现公司实力和文化内涵，可以通过豪华一点的装修来增加客户的信任度。

4.1.3 办公会议室空场混响时间

办公会议室空场 500～1000Hz 混响时间见表 4-3。

表 4-3　办公会议室空场 500～1000Hz 混响时间

房间类型	房间容积/m³	空场 500～1000Hz 混响时间/s
普通会议室	≤200	≤0.8
电视、电话会议室	≤200	≤0.6

4.1.4 商场营业厅常见数据尺寸

商场营业厅相关常见数据尺寸见表 4-4。

表 4-4　商场营业厅相关常见数据尺寸　　　单位：mm

项目	数据尺寸
陈列地台高度	400～800
单边双人走道的宽度	1600
单靠背立货架的高度	1800～2300

续表

项目	数据尺寸
单靠背立货架的厚度	300～500
放射式售货架的直径	2000
收款台的长度	1600
收款台的宽度	600
双边三人走道的宽度	2300
双边双人走道的宽度	2000
双边四人走道的宽度	3000
双靠背立货架的高度	1800～2300
双靠背立货架的厚度	600～800
小商品橱窗的高度	400～1200
小商品橱窗的厚度	500～800
营业员柜台走道的宽度	800
营业员货柜台的高度	800～1000
营业员货柜台的厚度	600

4.2 展厅、会展、馆建筑

4.2.1 图书馆、博物馆、美术馆、展览馆的卫生与环境要求

4.2.1.1 基本知识

图书馆、博物馆、美术馆、展览馆的卫生与环境要求见表 4-5。

表 4-5 图书馆、博物馆、美术馆、展览馆的卫生与环境要求

项目	图书馆、博物馆、美术馆	展览馆
二氧化碳/%	≤0.1	≤0.15

续表

项目	图书馆、博物馆、美术馆	展览馆
风速/(m/s)	≤0.5	≤0.5
甲醛/(mg/m³)	≤0.12	≤0.12
可吸入颗粒物/(mg/m³)	≤0.15	≤0.25
空气细菌数——沉降法/(个/皿)	≤30	≤75
空气细菌数——撞击法/(cfu/m³)	≤2500	≤7000
台面照度/lx	≥100	≥100
温度/℃——冬季无空调装置的采暖地区	≥16	≥16
温度/℃——有空调装置	18~28	18~28
相对湿度/%—— 有中央空调	45~65	40~80
噪声/dB（A）	≤50	≤60

4.2.1.2　一点通

使用面积超过 300m² 的图书馆、博物馆、美术馆、展览馆均需要安装机械通风装置。厅内自然采光系数不小于 1/6，人工照明需要达到光线柔和、均匀、无眩光的标准。馆内的卫生间一般需要有单独的通风排气设施，做到无异味。

4.2.2　博物馆公众区域混响时间要求

4.2.2.1　基础知识

博物馆公众区域混响时间一般要符合表 4-6 的规定。

表 4-6　博物馆公众区域混响时间一般要求

房间	房间体积/m³	500Hz 混响时间（使用状态）/s
电影厅、视听室、报告厅	—	0.7~1.0
一般公共活动区域	200~500	≤0.8
	501~1000	1.0
	1001~2000	1.2
	2001~4000	1.4
	>4000	1.6

4.2.2.2 一点通

博物馆建筑的照明需要遵循有利于观赏展品和保护展品的原则，并且要安全可靠、经济适用、技术先进、节约能源、维修方便。展厅照明光源一般采用细管径直管形荧光灯、紧凑型荧光灯、卤素灯或其他新型光源；有条件的场所可以选择采用光纤、导光管、LED 等照明。

4.2.3 博物馆供暖、通风与空气调节要求

4.2.3.1 基本知识

博物馆的陈列展览区、业务区一般需要设置空调，其室内空气相关参数需要符合的要求见表 4-7。

表 4-7 陈列展览区与业务区室内空气相关参数要求

名称	新风量 /[m³/(h·p)]	冬季		夏季	
		温度/℃	相对湿度/%	温度/℃	相对湿度/%
餐厅	20	18～20	—	25～27	≤65
门厅	10	16～18	—	26～28	≤65
休息室	30	18～22	—	25～27	≤60
展览区	20	18～20	35～50	25～27	45～60
技术用房	30	18～20	≥40	25	45～60
计算机房	20	20±2	45～60	23±2	45～60
办公室	30	18～20	—	24～27	55～65
会议室	30	16～18	—	25～27	≤65

4.2.3.2 一点通

博物馆的陈列展览区和业务区的室内供暖设计温度需要符合下列规定：严寒与寒冷地区的主要房间一般取 18～24℃；夏热冬冷地区主要房间一般取 16～22℃；值班房间一般不应低于 5℃。

4.2.4 博物馆楼地面的使用活荷载

4.2.4.1 基本知识

博物馆楼地面的使用活荷载要求见表 4-8。

表 4-8　博物馆楼地面使用活荷载

空间	使用活荷载/(kN/m²)
机房	7.0
走廊、门厅、楼梯	3.5
运送藏品的汽车通道	10.0
办公室	2.0
多功能会议室	3.5
资料室、档案室	5.0
密集书柜	12.0
展厅——主入口层	8.0
展厅——其他楼层——特大型及大型博物馆	5.0
展厅——其他楼层——中、小型博物馆	4.0
库房——一般库房	6.0
库房——大型石雕或金属制品库房	10.0

4.2.4.2 一点通

特大型、大型博物馆建筑主体结构的风荷载一般采用 100 年一遇的风荷载，雪荷载一般采用 100 年一遇的雪荷载。

大中型、中型、小型博物馆建筑主体结构的风荷载，一般可以采用 50 年一遇的风荷载，雪荷载可以采用 50 年一遇的雪荷载。

特大型、大型、大中型博物馆建筑和主管部门确定的重要博物馆建筑的主体结构的设计使用年限一般为 100 年，其安全等级一般为一级。

中型、小型博物馆建筑主体结构的设计使用年限一般为 50 年，其安全等级一般为二级。

4.2.5 博物馆陈列展览区等功能区建筑面积占总建筑面积的比例

博物馆陈列展览区、藏品库区等功能区建筑面积占总建筑面积的比例要求见表4-9。

表4-9 博物馆陈列展览区等功能区建筑面积占总建筑面积的比例

类别		功能区	功能区建筑面积占总建筑面积的比例/%				
			特大型	大型	大中型	中型	小型
科学与技术类	自然博物馆	陈列展览区	25～35	30～40	35～45	40～55	50～75
		藏品库区	20～25	18～25	12～20	10～15	≥8
	技术博物馆		按工艺设计要求确定				
	科技馆	展览教育区	55～60	60～65	65～70	65～75	—
		藏品库区	10～15	10～15	5～15	5～15	
综合类		陈列展览区	25～35	30～40	35～45	40～55	50～70
		藏品库区	20～25	18～25	15～20	10～15	≥10
历史类艺术类（以古代艺术藏品为主）		陈列展览区	25～35	30～40	35～45	40～55	50～75
		藏品库区	20～25	18～25	12～20	10～15	≥8
艺术类（以现代艺术藏品为主）		陈列展览区	30～40	35～45	40～50	45～55	50～75
		藏品库区	15～20	15～20	12～18	10～15	≥8

4.2.6 博物馆建筑的室内允许噪声级要求

博物馆建筑的室内允许噪声级一般要符合表4-10的规定。

表4-10 博物馆建筑的室内允许噪声级一般要求

类别	允许噪声级（A声级）/dB
无特殊安静要求的房间	≤55
有特殊安静要求的房间	≤35
有一般安静要求的房间	≤45

4.2.7　博物馆建筑的采光要求

博物馆建筑的采光要求见表 4-11。

表 4-11　博物馆建筑的采光要求

采光等级	场所	顶部采光		侧面采光	
		采光系数标准值/%	室内天然光照度标准值/lx	采光系数标准值/%	室内天然光照度标准值/lx
Ⅴ	库房、走道、楼梯间、卫生间	0.5	75	1	150
Ⅳ	陈列室、展厅、门厅	1	150	2	300
Ⅲ	文物修复室[①]、标本制作室[①]、书画装裱室	2	300	3	450

①采光不足部分需要补充人工照明，照度标准值一般为 750lx。

4.2.8　博物馆展厅展品的照度要求

博物馆展厅展品的照度要求见表 4-12。

表 4-12　博物馆展厅展品的照度要求

类型	参考平面及其高度	年曝光量/(lx·h/a)	照度标准值/lx
对光敏感的展品，如油画、竹木制品、牙骨角器、象牙制品、漆器等	展品面	360000	≤150（色温≤3300K）
对光不敏感的展品，如铜铁等金属制品，玻璃制品，宝玉石器，陶瓷器，岩矿标本等	展品面	—	≤300（色温≤4000K）
对光特别敏感的展品，如织绣品、国画、染色皮革等	展品面	50000	≤50（色温≤2900K）

4.2.9　博物馆卫生设施数量要求

公众区、陈列展览区、教育区等厕所卫生设施的数量要求见表 4-13。

表 4-13　公众区、陈列展览区、教育区等厕所卫生设施的数量要求

设施	教育区		陈列展览区	
	男	女	男	女
洗手盆	每 40 人设 1 个	每 25 人设 1 个	每 60 人设 1 个	每 40 人设 1 个
大便器	每 40 人设 1 个	每 13 人设 1 个	每 60 人设 1 个	每 20 人设 1 个
小便器	每 20 人设 1 个	—	每 30 人设 1 个	—

4.2.10　博物馆展厅观众合理密度与展厅观众高峰密度

博物馆展厅观众合理密度与展厅观众高峰密度见表 4-14。

表 4-14　展厅观众合理密度与展厅观众高峰密度

展品特征	展览方式	展厅观众高峰密度 / (人/m²)	展厅观众合理密度 / (人/m²)
无需特殊保护 或互动性的展品	展品沿墙布置	0.34	0.18～0.20
	展品沿墙、岛式、隔板混合布置	0.30	0.16～0.18
展品特征和展览方式不确定（临时展厅）		0.34	—
展品展示空间与陈列展览区的交通空间 无间隔（综合大厅）		0.34	—
设置玻璃橱、柜保护的展品	沿墙布置	0.34	0.18～0.20
	沿墙、岛式混合布置	0.28	0.14～0.16
设置安全警戒 线保护的展品	沿墙布置	0.25	0.15～0.17
	沿墙、岛式、隔板 混合布置	0.23	0.14～0.16

注：本表不适于展品占地率大于 40% 的展厅。

4.2.11　博物馆藏品保存环境的温度和相对湿度要求

博物馆藏品保存环境的温度和相对湿度要求见表 4-15。

表 4-15　博物馆藏品保存环境的温度和相对湿度要求

材质	藏品	相对湿度/%	温度/℃
岩石	石器、碑刻、石雕、石砚、画像石、岩画、玉器、宝石	40～50	20
	古生物化石、岩矿标本	40～50	20
	彩绘泥塑、壁画	40～50	20
纸类	纸张、文献、经卷、书法、国画、书籍、拓片、邮票	50～60	20
织品类、油画等	丝毛棉麻纺织品、织绣、服装、帛书、唐卡、油画	50～60	20
竹木制品类	漆器、木器、木雕、竹器、藤器、家具、版画	50～60	20
动植物材料	象牙制品、甲骨制品、角制品、贝壳制品	50～60	20
	皮革、皮毛	50～60	5
	动物标本、植物标本	50～60	20
金属	青铜器、铁器、金银器、金属币	0～40	20
	锡器、铅器	0～40	25
	珐琅器、搪瓷器	40～50	20
硅酸盐	陶器、陶俑、唐三彩、紫砂器、砖瓦	40～50	20
	瓷器	40～50	20
	玻璃器	0～40	20
其他	黑白照片及胶片	40～50	15
	彩色照片及胶片	40～50	0

4.2.12　博物馆藏品保存场所建筑构件的耐火极限

博物馆藏品保存场所建筑构件的耐火极限见表 4-16。

表 4-16　博物馆藏品保存场所建筑构件的耐火极限

名称		耐火极限/h
柱		3
梁		2.5
楼板		2
屋顶承重构件，上人屋面的屋面板		1.5
疏散楼梯		1.5
吊顶（包括吊顶格栅）		0.3
墙	防火墙	3
	楼梯间、前室的墙，电梯井的墙	2
	珍贵藏品库房、丙类藏品库房的防火墙	4
	承重墙、房间隔墙	3
	疏散走道两侧的墙、非承重外墙	2

4.2.13　博物馆藏品库区每个防火分区的最大允许建筑面积

博物馆藏品库区每个防火分区的最大允许建筑面积见表 4-17。

表 4-17　博物馆藏品库区每个防火分区的最大允许建筑面积

单位：m^2

危险性类别	每个防火分区的允许最大建筑面积			
	高层建筑	地下、半地下建筑（室）	单层或多层建筑的首层	多层建筑
丁	1200	1000	3000	1500
戊	1500	1000	4000	2000

续表

危险性类别		每个防火分区的允许最大建筑面积			
		高层建筑	地下、半地下建筑（室）	单层或多层建筑的首层	多层建筑
丙	液体	—	—	1000	700
	固体	1000	500	1500	1200

4.2.14　博物馆建筑其他相关数据

博物馆建筑其他相关数据见表 4-18。

表 4-18　博物馆建筑其他相关数据

项目	相关数据
博物馆建筑基地内设置的停车位数量每 $1000m^2$ 建筑面积设置的停车位要求（大型客车）/个	0.3
博物馆建筑基地内设置的停车位数量每 $1000m^2$ 建筑面积设置的停车位要求（大中型馆、大型馆、特大型馆小型汽车）/个	6
博物馆建筑基地内设置的停车位数量每 $1000m^2$ 建筑面积设置的停车位要求（非机动车）/个	15
博物馆建筑基地内设置的停车位数量每 $1000m^2$ 建筑面积设置的停车位要求（小型馆、中型馆小型汽车）/个	5
博物馆建筑内藏品、展品的运送通道，通道内不应设置台阶、门槛；当通道为坡道时，坡道的坡度要求	$\leqslant 1:20$
藏品库区内每个防火分区通向疏散走道、楼梯或室外出口的要求/个	$\geqslant 2$
藏品库区内每个防火分区通向疏散走道、楼梯或室外出口的要求（防火分区的建筑面积不大于 $100m^2$ 时）/个	1
地下或半地下藏品库房的安全出口的要求/个	$\geqslant 2$
地下或半地下藏品库房的安全出口的要求（建筑面积不大于 $100m^2$ 时）/个	1
顶层展厅宜采用顶部采光，顶部采光时采光均匀度的要求	$\geqslant 0.7$
公众区域当有地下层时，地下层地面与出入口地坪的高差/m	$\leqslant 10$
公众区域的厕所，陈列展览区的使用人数按展厅净面积计算的依据/（人/ m^2 ）	0.2

续表

项目	相关数据
公众区域的厕所，教育区使用人数按教育用房设计容量计算的依据	设计容量的80%
公众区域的厕所，为儿童展厅服务的厕所卫生设施要求	宜有50%适于儿童使用
观众出入口广场需要设有供观众集散的空地，空地面积需要根据高峰时段建筑内向该出入口疏散确定的观众量的倍数要求/倍	1.2
观众出入口广场需要设有供观众集散的空地，空地面积需要根据高峰时段建筑内向该出入口疏散确定的面积要求/(m²/人)	≥0.4
科技馆常设展厅的使用面积要求/m²	≥3000
科技馆大型馆货梯载重量的要求/t	≥3
科技馆大中型馆、中型馆 货梯载重量的要求/t	≥2
科技馆大中型馆、中型馆 楼层净高的要求/m	4.5~5
科技馆大中型馆、中型馆 展厅跨度的要求/m	≥12
科技馆大中型馆、中型馆 展厅柱距的要求/m	≥9
科技馆大中型馆、中型馆 主要入口层净高的要求/m	5~6
科技馆临时展厅使用面积的要求/m²	≥500
科技馆特大型馆、大型馆 楼层净高的要求/m	5~6
科技馆特大型馆、大型馆 展厅跨度的要求/m	≥15
科技馆特大型馆、大型馆 展厅柱距的要求/m	≥12
科技馆特大型馆、大型馆 主要入口层展厅净高的要求/m	6~7
科技馆特大型馆货梯载重量的要求/t	≥5
每座藏品库房建筑安全出口的数量/个	≥2
每座藏品库房建筑的安全出口的数量/个（一座库房建筑的占地面积≤300m²时）	1
特大型、大型博物馆建筑的展厅内需要设置应急照明，其照度值的要求	不应低于一般照明值的10%
特大型、大型馆建筑的观众主入口到城市道路出入口的距离要求/m	≥20
展厅、疏散通道、疏散楼梯等部位需要设置疏散照明，其地面平均水平照度的要求/lx	≥5

项目		相关数据
自然博物馆	缝合室净高的要求/m	≥4
	冷冻消毒室每间面积的要求/m²	≥20
	临时展厅分间面积的要求/m²	≥400
	展厅净高的要求/m	≥4
	制作室净高的要求/m	≥4
综合类博物馆藏品柜（架）存放藏品的库房	藏品柜背与墙面的净距要求/m	≥0.15
	藏品柜端部与墙面的净距要求/m	≥0.6
	内主通道净宽的要求/m	≥1.2
	两行藏品柜间通道净宽的要求/m	≥0.8
综合类博物馆	藏品技术区的实验室每间面积的要求/m²	20～30
	藏品库区开间或柱网尺寸的要求/m	≥6
	教育区的教室、实验室，每间使用面积的要求/m²	50～60
	临时展厅分间净高的要求/m	≥4.5
	临时展厅分间面积的要求/m²	≥200
	每间库房的面积要求/m²	≥50
	美工室、展品夹具制作与维修用房的净高要求/m	≥4.5
	实物修复用房的净高要求/m	≥3
	实物修复用房每间面积的要求/m²	50～100
	特大型馆、大型馆的安防监控中心出入口需要设置两道防盗门，门间通道长度的要求/m	≥3
	文物类和现代艺术类藏品库房的面积要求/m²	80～150
	文物类和现代艺术类藏品库房净高的要求/m	2.8～3
	现代艺术类藏品和标本类藏品库房的净高要求/m	3.5～4
	展示一般历史文物或古代艺术品的展厅净高要求/m	≥3.5
	展示一般现代艺术品的展厅净高要求/m	≥4
	展示艺术品的单跨展厅，其跨度要求	宽度最大尺寸的1.5～2倍
	展厅单跨时的跨度要求/m	≥8
	展厅多跨时的柱距要求/m	≥7
	自然类藏品库房面积的要求/m²	200～400

4.2.15 文化馆建筑的规模划分依据

4.2.15.1 基本知识

文化馆建筑的规模划分依据见表 4-19。

表 4-19 文化馆建筑的规模划分依据

规模	大型馆	中型馆	小型馆
建筑面积/m²	≥6000	<6000，且≥4000	<4000

4.2.15.2 一点通

文化馆各类用房在使用上需要具有可调性、灵活性，以便于分区使用和统一管理。

群众活动用房一般需要采用易清洁和耐磨的地面。严寒地区的儿童和老年人的活动室，一般需要做暖性地面。

4.2.16 文化馆用房室内允许噪声级的要求

4.2.16.1 基本知识

文化馆用房室内允许噪声级的要求见表 4-20（不得大于表中的规定）。

表 4-20 文化馆用房室内允许噪声级的要求

名称	允许噪声级（A声级）/dB
教室、图书阅览室、专业工作室等	50
录音录像室等（有特殊安静要求的房间）	30
舞蹈、戏曲、曲艺排练场等	55

4.2.16.2 一点通

文化馆内的标志标识系统需要满足使用功能需要，并且需要合理设置位置、字迹清晰醒目。

排演用房、报告厅、展览陈列用房、图书阅览室、教学用房、音乐美术工作室等场所应根据不同功能要求设置相应的外窗遮光设施。

4.2.17　文化馆其他相关数据

4.2.17.1　基本知识

文化馆其他相关数据见表 4-21。

表 4-21　文化馆其他相关数据

项目		相关数据
报告厅规模座数的要求/座		≤300
报告厅应设置活动座椅，每座使用面积的要求/m²		≥1
档案室	门高度要求/m	2.1
	门宽度要求/m	1
	资料储藏宜设置密集架、档案柜等装具，两行装具间净宽的要求/m	≥0.8
	资料储藏宜设置密集架、档案柜等装具，装具端部与墙的净距离要求/m	≥0.6
	资料储藏宜设置密集架、档案柜等装具，装具排列的主通道净宽要求/m	≥1.2
公用卫生间服务半径的要求/m		≤50
计算机与网络教室	25 座的教室使用面积的要求/m²	≥54
	50 座的教室使用面积的要求/m²	≥73
	室内净高的要求/m	≥3
美术书法教室	室内纵向走道宽度要求/m	≥0.7
	容纳人数的要求/人	≤30
	使用面积的要求/(m²/人)	≥2.8
	书法学习桌应采用单桌排列，其排距的要求/m	≥1.2
	照明光源显色指数的要求	≥90
	准备室的面积要求/m²	25

项目		相关数据
排演厅观众厅的规模要求/座		≤600
琴房相对湿度的要求/%		40～70
卫生间设施的数量要求		男每 40 人设一个蹲位、一个小便器或 1m 小便池；女每 13 人设一个蹲位
文化教室	大教室的使用面积要求/(m²/人)	≥1.4
	大教室每间的人数要求/人	80
	普通教室每间的人数要求/人	40
舞蹈排练室	每间使用面积的要求/m²	80～200
	室内净高要求/m	≥4.5
	室内与采光窗相垂直的墙上，设置通长照身镜的高度（包括镜座）/m	≥2.1
	用于综合排练室使用时，每间的使用面积要求/m²	200～400
小型录像室	使用面积要求/m²	80～130
	室内净高要求/m	5.5
行政办公室	使用面积要求/(m²/人)	5
	最小办公室的使用面积要求/m²	≥10
大游艺室的使用面积要求/m²		≥100
小游艺室的使用面积要求/m²		≥30
中游艺室的使用面积要求/m²		≥60
展览陈列用房一般应由展览厅、陈列室、周转房、库房等组成，每个展览厅的使用面积要求/m²		≥65

续表

项目	相关数据
资料储藏用房的外墙不得采用跨层或跨间的通长窗，其外墙窗墙比的要求	≤1∶10

4.2.17.2　一点通

　　洗浴间一般需要采用防滑地面，墙面需要采用易清洗的饰面材料。洗浴间对外的门窗一般需要有阻挡视线的功能。档案室、资料室、会计室一般需要设置防火、防盗设施。接待室、文印打字室、党政办公室一般需要设置防火和防盗设施。

4.2.18　展览建筑相关数据

　　展览建筑展厅中单位展览面积的最大使用人数要求见表4-22。

表4-22　展览建筑展厅中单位展览面积的最大使用人数要求

单位：人/m²

楼层位置	地下一层	地上三层及三层以上各层	地上一层	地上二层
指标	0.65	0.50	0.70	0.65

　　展览建筑其他相关数据见表4-23。

表4-23　展览建筑其他相关数据

项目	相关数据
安全出口标志设置在门框侧边缘时，标志的下边缘距室内地坪的距离/m	≤2
安全出口标志需要设置在门的上部时，标志的下边缘距门框的距离/m	≤2
丙等展厅的净高/m	≥6
丙等展厅展位通道的净宽/m	≥3
对于设置在单层建筑内或多层建筑首层的展厅，当设有自动灭火系统、排烟设施和火灾自动报警系统时，防火分区的最大允许建筑面积/m²	≤10000

项目	相关数据
对于设置在多层或高层建筑内的地下展厅，防火分区的最大允许建筑面积/m²	≤2000
对于设置在高层建筑内的地上展厅，防火分区的最大允许建筑面积/m²	≤4000
对于设置在高层建筑裙房的展厅，当裙房与高层建筑间有防火分隔措施，并且设有自动灭火系统时，防火分区的最大允许建筑面积可增加的倍数/倍	1
对于设置在高层建筑裙房的展厅，当裙房与高层建筑间有防火分隔措施，但没有设置自动灭火系统时，展厅防火分区的最大允许建筑面积/m²	≤2500
甲等和乙等展厅次要展位通道的净宽/m	≥3
甲等和乙等展厅主要展位通道的净宽/m	≥5
甲等展厅的净高/m	≥12
每10000m²展览面积需要设置临时办公用房的面积/m²	≥50
设置在多层建筑内的地上层厅，当展厅局部设置自动灭火系统时，防火分区增加的面积可以是该局部面积的倍数/倍	1
设置在多层建筑内的地上层厅，当展厅内没有设置自动灭火系统时，防火分区的最大允许建筑面积/m²	≤2500
设置在多层建筑内的地上层厅，当展厅内设置自动灭火系统时，防火分区的最大允许建筑面积可增加的倍数/倍	1
首层疏散外门的净宽/m	≥1.2
疏散楼梯间及其前室门的最小净宽/m	≥0.9
乙等展厅的净高/m	≥8
展方库房和装卸区需要采用大柱网设计，其净高的要求/m	≥4
展方库房和装卸区需要采用大柱网设计，其柱网尺寸的要求/m	≥9×9
展览给水预留管的管径/mm	25
展览给水预留接口的水压/MPa	≥0.1，且≤0.35
展览建筑展厅内展览区域的照明均匀度	≥0.7
展览排水预留管的管径/mm	50
展厅备用照明的照度值不得低于一般照明照度值的百分数/%	10
展厅空场时背景噪声的允许噪声级（A声级）/dB	≤55

续表

项目	相关数据
展厅内其他区域的照明均匀度	≥0.5
展厅内任何一点到最近安全出口的直线距离/m	≤30
展厅有柱时，甲等和乙等展厅柱网尺寸的要求/m	≥9×9

4.2.19 会展常用房间或场所的照明功率密度限值要求

4.2.19.1 基本知识

会展常用房间或场所的照明功率密度限值要求见表 4-24。

表 4-24 会展常用房间或场所的照明功率密度限值要求

房间或场所	照明功率密度目标值/(W/m²)	对应照度值/lx	说明
会议室、洽谈室	≤8	300	—
视频会议室	≤21	750	
多功能厅、宴会厅	≤12	300	
问讯处	≤8	200	
一般展厅	≤8	200	净空高度 ≤16m
高档展厅	≤12	300	
公共大厅	≤8	200	

4.2.19.2 一点通

多功能厅、宴会厅等场所的照明一般需要采用调光控制。会展建筑物电子信息系统也需要根据简易雷击风险评估出的雷电防护等级，采取相应的防雷保护措施。

移动通信室内信号覆盖要求之一是室内天线设置需要满足现有各种移动通信在会议区 100%、展区 90%无盲区的需求。

4.2.20 会展建筑其他相关数据

会展建筑其他相关数据见表 4-25。

表 4-25 会展建筑其他相关数据

项目	相关数据
EPS 的额定输出功率不得小于所连接的应急照明负荷总容量的倍数/倍	1.3
单相用电设备接入低压（AC220/380V）三相系统时，需要使三相负荷平衡，负荷平衡率偏差的要求/%	≤15
当变压器低压侧电压为 0.4kV 时，单台变压器的容量要求/kV·A	≤2000
对于采用地面展沟及辅沟敷设的展区，线缆需要敷设到展位；对于不确定的大空间展位，线缆需要预留到集合点箱。集合点箱到末端的敷设半径要求/m	≤30
高大无柱空间需要在地面设置灯光疏散指示标志，甲等展厅灯光疏散指示标志的间距要求/m	≤5
高大无柱空间需要在地面设置灯光疏散指示标志，乙等、丙等展厅灯光疏散指示标志的间距要求/m	≤10
会展建筑室外埋地暗敷的金属导管需要采用热镀锌金属导管，管壁的厚度要求/mm	≥2
会展建筑展区内的辅沟内应敷设一根热镀锌扁钢作为接地干线，热镀锌扁钢的规格/mm	25×4
会展建筑展区内的主沟内应敷设一根热镀锌扁钢作为接地干线，热镀锌扁钢的规格/mm	40×4
会展气体放电灯的单灯功率因数要求	≥0.85
会展荧光灯单灯的功率因数要求	≥0.9
会展在满足照明质量的前提下，需要选择高效的光源、灯具，室内开敞式照明灯具的效率要求/%	≥75
会展在满足照明质量的前提下，需要选择高效的光源、灯具，装有遮光格栅时照明灯具的效率要求/%	≥60
室外展场宜选用预装式变电站，单台变压器的容量要求/kV·A	≤1000
特大型、大型会展建筑的单体建筑面积较大、供电负荷量较大、供电半径较长时，宜在建筑物内分散设置配变电所，其低压配电半径的要求/m	≤250
特大型、大型会展建筑的信息网络系统主干交换速率要求/Gbps	≥10
特大型、大型会展建筑信息网络系统需要采用由网络核心层、汇聚层、网络接入层组成的三层网络结构，其机房的面积要求/m²	≥100
特大型、大型会展建筑有线通信系统机房的面积要求/m²	≥100

续表

项目	相关数据
特大型会展建筑采用展览专用变压器时，专用变压器的负荷率要求/%	≤70
网络信息点的终端接入速率要求/Mbps	≥100
无线接入点接入带宽需要保证每个用户点速率的要求/Mbps	≥100
用于应急疏散照明的 EPS 蓄电池初装容量需要保证的备用时间要求/min	≥90
展览用配电箱（柜）的出线开关整定值的规格	不宜超过 160A，AC 380V
展区内每台展览用配电箱（柜）的供电区域面积不宜大于600m²，展览用配电箱（柜）的进线开关整定值的规格要求	不宜超过 315A，AC 380V
展位箱、综合展位箱的出线开关、配电箱（柜）直接为展位用电设备供电的出线开关，需要装设动作保护装置的剩余电流要求/mA	≤30
展位箱、综合展位箱的出线开关整定值的规格要求	不宜超过 63A，AC 380V
展位箱、综合展位箱的进线开关整定值的规格要求	不宜超过 160A，AC380V
中型、小型单体会展建筑的信息网络系统主干交换速率要求/Mbps	≥1000
中型、小型单体会展建筑的信息网络系统可采用由网络核心层、网络接入层组成的二层网络结构，其机房的面积要求/m²	≥60
中型、小型会展建筑有线通信系统机房的面积要求/m²	≥50

4.3　教育建筑、学校

4.3.1　校园总配变电站变压器容量指标

4.3.1.1　基本知识

校园用电负荷，一般根据校园的功能分区、建筑使用功能分类、学校工作性质、学校作息时间特点等,通过单位指标法来预测确定。

校园的总配变电站变压器容量指标,一般结合学校等级、类型,根据表 4-26 确定。

表 4-26　校园总配变电站变压器容量指标　单位:VA/m²

学校等级、类型	校园总配变电站变压器容量指标
普通高等学校、成人高等学校（文科为主的学校）	20～40
普通高等学校、成人高等学校（理工科为主的学校）	30～60
高级中学、初级中学、完全中学、普通小学	20～30
中等职业学校（含有实验室、实习车间等）	30～45

4.3.1.2　一点通

当教育建筑用电设备总容量在 250kW 及以上时,一般采用 10kV 及以上的电压供电;当用电设备总容量低于 250kW 时,一般采用 0.4kV 的电压供电。对于地处工厂的学校,当选用 6kV 电压供电经济合理时,一般采用 6kV 电压供电。

4.3.2　教育建筑的单位面积用电指标

4.3.2.1　基本知识

当不设空调时,各类教育建筑的单位面积用电指标可以参考表 4-27 来取值。

表 4-27　不设空调时,教育建筑的单位面积用电指标

类别	用电指标
教学楼/(W/m²)	12～25
图书馆/(W/m²)	15～25
实验楼/(W/m²)	15～30
风雨操场/(W/m²)	15～20
体育馆/(W/m²)	25～45
办公楼/(W/m²)	20～40

续表

类别		用电指标
食堂/（W/m²）		25～70
宿舍/kW		每居室不小于1.5
会堂	会议及一般文艺活动/（W/m²）	15～30
	会议及文艺演出/（W/m²）	40～60

4.3.2.2　一点通

各类教育建筑的负荷计算，可以根据单位指标法来确定。当有空调时，各类教育建筑的单位面积用电指标需要根据具体需求综合计算。

4.3.3　教育建筑电子计算机的供电电源质量要求

4.3.3.1　基本知识

教育建筑电子信息系统机房内的电子计算机供电电源质量要求见表 4-28。

表 4-28　教育建筑电子计算机的供电电源质量要求

学校	电子计算机类别	稳态电压偏移范围/%	稳态频率偏移范围/Hz	输入电压波形失真度/%	零地电压/V	允许断电持续时间/ms	不间断电源系统输入端电流总谐波畸变率含量/%
高等学校	学校电子信息系统总机房、学校计算中心、国家重点实验室的电子计算机	±3	±0.5	≤5	<2	0～10	<15
	其他电子信息系统机房的电子计算机	±5	±0.5	≤5	<2	—	<15

续表

学校	电子计算机类别	稳态电压偏移范围/%	稳态频率偏移范围/Hz	输入电压波形失真度/%	零地电压/V	允许断电持续时间/ms	不间断电源系统输入端电流总谐波畸变率含量/%
中小学	学校电子信息系统总机房的电子计算机	±5	±0.5	≤5	<2	—	<15

4.3.3.2　一点通

电子信息系统机房内的电子计算机一般需要进行等电位联结并接地。电子信息系统机房的末端配电装置一般需要采用专用配电单元，并且靠近用电设备安装。另外，电子信息系统机房供电系统一般需要配备净化稳压电源。

4.3.4　教育建筑电气照明要求

4.3.4.1　基本知识

教育建筑场所照明标准值见表 4-29。特殊教育学校主要房间照明标准值见表 4-30。作业面外 0.5m 范围内的照度可以低于作业面照度，其有关要求见表 4-31（即不宜低于表 4-31 的有关规定）。

表 4-29　教育建筑场所照明标准值

场所	统一眩光值UGR	显色指数R_a	参考平面及其高度	照度标准值/lx
电子信息机房	≤19	≥80	0.75m 水平面	500
计算机教室、电子阅览室	≤19	≥80	0.75m 水平面	500
会堂观众厅	≤22	≥80	0.75m 水平面	200
学生宿舍	—	≥80	0.75m 水平面	150
学生活动室	≤22	≥80	0.75m 水平面	200
艺术学校的美术教室	≤19	≥90	桌面	750
健身教室	≤22	≥80	地面	300

续表

场所	统一眩光值 UGR	显色指数 R_a	参考平面及 其高度	照度标准值 /lx
工程制图教室	≤19	≥80	桌面	500

注：照度标准值为维持平均照度。

表 4-30　特殊教育学校主要房间照明标准值

类型	房间	参考平面、 高度	照度 标准值 /lx	统一 眩光值 UGR	显色 指数 R_a
听力障碍 学校	普通教室、语言教室、其 他教学用房	课桌面	300	≤19	≥80
视力障碍 学校	普通教室、手工教室、地 理教室、其他教学用房	课桌面	500	≤19	≥80
智力障碍 学校	普通教室、语言教室、其 他教学用房	课桌面	300	≤19	≥80
—	保健室	0.75m 水平面	300	≤19	≥80

注：照度标准值为维持平均照度。

表 4-31　作业面外 0.5m 范围内的照度值要求　　单位：lx

作业面照度	作业面外 0.5m 范围内照度值
≥750	500
500	300
300	200
≤200	与作业面照度相同

教育建筑的照明功率密度要求见表 4-32。

表 4-32　教育建筑的照明功率密度要求

场所	照明功率密度目标值 /（W/m²）	对应照度值/lx
学生宿舍	6	150
学生活动室	7	200
食堂餐厅	8	200

续表

场所	照明功率密度目标值/(W/m^2)	对应照度值/lx
变配电室	7	200
制冷机房	6	150
电子信息机房	15	500
风机房、空调机房、泵房	4	100
音乐教室、形体教室、合班教室、多功能教室等	9	300
艺术学校的美术教室	23	750
计算机教室	15	500
重要阅览室、电子阅览室	15	500

室内照明光源色表分组相关色温见表4-33。

表4-33 室内照明光源色表分组相关色温

色表分组	色表特征	相关色温/K	适用场所
I	暖	<3300	餐厅、多功能厅、宿舍、多媒体教室等
II	中间	3300~5300	阅览室、会议室、实验室、办公室、教室、设计室、计算机房等
III	冷	>5300	风雨操场、体育馆场地照明等

教育建筑电气照明其他相关数据见表4-34。

表4-34 教育建筑电气照明其他相关数据

项目	数据尺寸
采用吊链安装时,软电线需要编叉在吊链内,电线不得受力的灯具重量要求/kg	>0.5
2~4级生物安全实验室、实验工艺有要求的场所需要设置备用照明,备用照明的照度值不得小于该场所正常照明照度值的百分数值/%	10
防止、减少光幕反射与反射眩光,避免将灯具安装在干扰区内,教室照明灯具与桌面的垂直距离要求/m	≥1.7
防止、减少光幕反射与反射眩光,对于计算机教室、语音教室的照明,限制灯具中垂线以上亮度的范围要求/(°)	≥65

续表

项目	数据尺寸
房间、场所内的通道、其他非作业区域的照度值一般不宜低于作业区域照度值的比值	1/3
风雨操场室内的不舒适眩光需要采用统一眩光值评价的要求	≤35
高等学校的防烟楼梯间前室、消防电梯前室、楼梯间、室外楼梯的疏散照明地面的水平照度要求/lx	≥5
教室、阅览室、实验室等场所的不舒适眩光应采用统一眩光值评价,对于该眩光值的要求	≤19
教室黑板面的照度均匀度要求	≥0.7
教室课桌区域内的照度均匀度要求	≥0.7
课桌周围 0.5m 范围内的照度均匀度要求	≥0.5
室内照明灯具的效率要求/%	≥80
室内照明灯具的效率要求（装有遮光格栅的情况）/%	≥65
室外体育场的不舒适眩光需要采用眩光值评价,对于该眩光值的要求	≤55
需要采用蓄电池作疏散照明自备电源,对于其连续供电时间的要求/min	≥30
要固定在螺栓或预埋吊钩上的灯具重量要求/kg	>3
一般场所水平疏散通道的照度要求/lx	≥3
在 8 度及以上地区,吸顶、嵌入吊顶的灯具,可以采用钢管作杆件固定在楼板上,其钢管内径与钢管厚度要求/mm	内径≥10、厚度≥1.5
照明照度,教室、实验室、阅览室、办公室的维护系数	一般宜取 0.8
珍善本书库照明需要采用隔紫外线灯具和无紫外线光源的灯具,灯具与图书等易燃物的距离要求/m	>0.5
中小学、幼儿园疏散场所的地面照度要求/lx	≥5

4.3.4.2 一点通

防止或减少光幕反射和反射眩光,还可以通过限制灯具亮度、房间采用低光泽度的表面装饰材料等方法来实现。教室黑板一般应设置专用黑板照明,大型教学楼、图书馆等建筑一般宜设置值班照明。

4.3.5 教育建筑防雷与接地相关数据

4.3.5.1 基本知识

教育建筑防雷与接地相关数据见表4-35。

表 4-35 教育建筑防雷与接地相关数据

项目	相关数据
需进行雷击电磁脉冲防护的场所，其进出电源线路应采取屏蔽措施。当外引线缆采用屏蔽电缆时，电缆屏蔽层在入户处需要做等电位联结；当外引线缆采用非屏蔽电缆时，入户前需要穿金属管埋地敷设，其穿管长度的要求/m	≥15
属于第二类防雷建筑物的建筑物高度要求/m	>100
属于第二类防雷建筑物的教学楼、图书馆、学生宿舍、体育馆、实验楼、会堂等建筑年预计雷击次数要求/(次/年)	>0.05
属于第二类防雷建筑物的食堂、办公楼等建筑年预计雷击次数要求/(次/年)	>0.25
属于第三类防雷建筑物的建筑群中最高或位于建筑群边缘建筑物的高度要求/m	>20
属于第三类防雷建筑物的教学楼、实验楼、图书馆、学生宿舍、体育馆、会堂等建筑年预计雷击次数要求/(次/年)	≥0.01，且≤0.05
属于第三类防雷建筑物的食堂、办公楼等建筑，年预计雷击次数要求/(次/年)	≥0.05，且≤0.25
属于第三类防雷建筑物的学生宿舍层数要求/层	≥19

4.3.5.2 一点通

教育建筑的每个电源进线处和防雷区界面处，一般需要设总等电位联结端子板，并且建筑物内总等电位联结端子板之间要互相连通。浴室、游泳池等特殊场所需要做局部等电位联结。

4.3.6 教育建筑信息设施与信息应用相关数据

4.3.6.1 基本知识

教育建筑信息设施与信息应用相关数据见表4-36。

表 4-36　教育建筑信息设施与信息应用相关数据

项目	数据尺寸
办公室划分工作区的信息插座数量要求	每个工作区应设 1～3 个信息插座
办公室划分工作区的依据	按 5～10m² 划分工作区
多功能教室、普通实验室工作区信息插座数量要求	每个工作区应设 1～2 个信息插座
多功能教室、普通实验室划分工作区的依据	按 20～50m² 划分工作区
教育建筑只接收当地有线电视网节目信号时，有线电视系统需要设置一个光节点时的终端数量/个	500
普通教室的信息插座数量要求/个	≥2，并且至少有一个布置在讲台处

4.3.6.2　一点通

多媒体教室、计算机教室，一般可以根据课桌位置布置信息插座。对于教育建筑内的高温、潮湿、电磁干扰、撞击、振动、多尘、有腐蚀性气体的场所，一般需要选择相应的工业级配线设备。

高等学校学生宿舍，一般可以根据居住学生的数量设置信息插座。在教学楼、图书馆、实验楼、体育馆、会堂、办公楼、食堂、学生活动室等公共活动场所一般需要设置有线电视插座。有线电视系统一般采用双向传输网络。教学楼内一般需要设置扬声器，并在教室、值班室等地方安装音量调节装置。

4.3.7　学校各教学用房室内允许的噪声级要求

学校各教学用房室内允许的噪声级要求见表 4-37。学校各辅助用房室内允许的噪声级要求见表 4-38。

表 4-37　学校各教学用房室内允许的噪声级要求

名称	允许噪声级（A 声级）/dB
音乐教室、琴房	≤45
舞蹈教室	≤50

续表

名称	允许噪声级（A 声级）/dB
语音教室、阅览室	≤40
普通教室、实验室、计算机房	≤45

表 4-38 学校各辅助用房室内允许的噪声级要求

名称	允许噪声（A 声级）/dB
健身房	≤50
教学楼中封闭的走廊、楼梯间	≤50
教师办公室、休息室、会议室	≤45

4.3.8 学校隔声要求

学校各教学用房空气隔声要求见表 4-39。其他隔声要求见表 4-40。

表 4-39 学校各教学用房空气隔声要求

教学用房与相邻房间之间的空气声隔声标准		
房间名称	空气声隔声单值评价量＋频谱修正量/dB	
普通教室之间	计权标准化声压级差＋粉红噪声频谱修正量 $D_{nT,w}+C$	≥45
音乐教室、琴房之间	计权标准化声压级差＋粉红噪声频谱修正量 $D_{nT,w}+C$	≥45
语音教室、阅览室与相邻房间之间	计权标准化声压级差＋粉红噪声频谱修正量 $D_{nT,w}+C$	≥50
普通教室与各种产生噪声的房间之间	计权标准化声压级差＋粉红噪声频谱修正量 $D_{nT,w}+C$	≥50
教学用房隔墙、楼板的空气声隔声标准		
构件名称	空气声隔声单值评价量＋频谱修正量/dB	
普通教室之间的隔墙与楼板	计权隔声量＋粉红噪声频谱修正量 R_w+C	>45
音乐教室、琴房之间的隔墙与楼板	计权隔声量＋粉红噪声频谱修正量 R_w+C	>45

续表

教学用房隔墙、楼板的空气声隔声标准		
构件名称	空气声隔声单值评价量＋频谱修正量/dB	
语音教室、阅览室的隔墙与楼板	计权隔声量＋粉红噪声频谱修正量 R_w+C	＞50
普通教室与各种产生噪声的房间之间的隔墙、楼板	计权隔声量＋粉红噪声频谱修正量 R_w+C	＞50

注：频谱修正量是因为隔声频谱以及声源空间的噪声频谱不同，所需加到空气声隔声单值评价量上的修正值。计权隔声量为 R_w；粉红噪声频谱修正量为 C。

表 4-40　其他隔声要求

教学用房楼板的撞击声隔声标准		
名称	撞击声隔声单值评价量/dB	
	计权规范化撞击声压级（实验室测量）	计权标准化撞击声压级（现场测量）
琴房、音乐教室之间的楼板	＜65	≤65
普通教室之间的楼板	＜75	≤75
语言教室、阅览室与上层房间之间的楼板	＜65	≤65
普通教室、实验室、计算机房与上层产生噪声的房间之间的楼板	＜65	≤65
外墙、外窗和门的空气声隔声标准		
名称	空气声隔声单值评价量＋频谱修正量/dB	
其他外窗	计权隔声量＋交通噪声频谱修正量 R_w+C_{tr}	≥25
产生噪声房间的门	计权隔声量＋粉红噪声频谱修正量 R_w+C	≥25
其他门	计权隔声量＋粉红噪声频谱修正量 R_w+C	≥20
外墙	计权隔声量＋交通噪声频谱修正量 R_w+C_{tr}	≥45
临交通干线的外窗	计权隔声量＋交通噪声频谱修正量 R_w+C_{tr}	≥30

4.3.9　学校各类教室空场混响时间

学校各类教室空场 $500\sim1000$ Hz 混响时间见表 4-41。

表 4-41　学校各类教室空场 500～1000Hz 混响时间

房间	房间容积/m³	空场 500～1000Hz 混响时间/s
普通教室	≤200	≤0.8
	>200	≤1.0
琴房	≤50	≤0.4
	>50	≤0.6
健身房	≤2000	≤1.2
	>2000	≤1.5
舞蹈教室	≤1000	≤1.2
	>1000	≤1.5
语言及多媒体教室	≤300	≤0.6
	>300	≤0.8
音乐教室	≤250	≤0.6
	>250	≤0.8

4.3.10　幼儿园的建设规模分类数据

4.3.10.1　基本知识

幼儿园的建设规模分类数据见表 4-42。

表 4-42　幼儿园的建设规模分类数据

分类	服务人口/人
3 个班（90 人）	3000
6 个班（180 人）	3001～6000
9 个班（270 人）	6001～9000
12 个班（360 人）	9001～12000

4.3.10.2　一点通

幼儿园办园规模不宜超过 12 个班。城镇幼儿园办园规模不宜少于 6 个班。农村幼儿园宜根据行政村或自然村设置，办园规模不宜少于 3 个班。服务人口不足 3000 人的，宜根据 3 个班规模人均指标设办园点。

4.3.11　幼儿园的面积指标数据

4.3.11.1　基本知识

幼儿园的面积指标数据见表 4-43。

表 4-43　幼儿园的面积指标数据

类型	用房		面积指标/(m²/人)			
			12 个班	9 个班	6 个班	3 个班
寄宿制	幼儿活动用房		4.9～6.1	5～6.2	5.1～6.3	5.1～6.3
	服务用房		0.75～0.96	0.9～1.13	1.05～1.3	0.55～0.8
	附属用房		1.29～1.39	1.36～1.47	1.43～1.55	0.83～1.08
	人均使用面积合计		6.94～8.45	7.26～8.8	7.58～9.15	6.48～8.18
	人均建筑面积合计	K=0.6	11.57～14.08	12.1～14.67	12.63～15.25	—
		K=0.7	—	—	10.83～13.07	9.26～11.69
全日制	幼儿活动用房		4.9～6.1	5.00～6.2	5.1～6.3	5.1～6.3
	服务用房		0.69～0.9	0.84～1.07	0.99～1.24	0.49～0.74
	附属用房		1.08～1.18	1.15～1.26	1.22～1.34	0.6～0.8
	人均使用面积合计		6.67～8.18	6.99～8.53	7.31～8.88	6.19～7.84
	人均建筑面积合计	K=0.6	11.12～13.63	11.65～14.22	12.18～14.8	—
		K=0.7	—	—	10.44～12.69	8.84～11.2

班级活动单元各项用房人均使用面积指标数据见表 4-44。

表 4-44　班级活动单元各项用房人均使用面积指标数据

用房	面积指标/(m²/人)	
	活动室与寝室分开设置	活动室与寝室合并设置
活动室	2.4	3.5

续表

用房	面积指标/(m²/人)	
	活动室与寝室分开设置	活动室与寝室合并设置
寝室	2	3.5
卫生间（含厕所、盥洗间、洗浴位等）	0.6	0.6
衣帽储藏室	0.3	0.3
人均使用面积合计	5.3	4.4

4.3.11.2 一点通

楼房使用面积系数 K 值取 0.6，平房使用面积系数 K 值取 0.7。各类指标一般是根据平均班额 30 人来测算的。

4.3.12 幼儿园配备玩具、教具的常见规格

幼儿园配备玩具、教具的常见规格见表 4-45。

表 4-45 幼儿园配备玩具、教具的常见规格

项目	常见规格
荡船或荡桥	2m×1.7m×1.6m
高跷	高度 0.08m，直径 0.1m（高度根据不同年龄班有所区别）
滑梯	高度 1.8m 或 2m，与地夹角不大于 35°，缓冲部分高度 0.25m，长度 0.45m
爬网	高度 1.6m，爬网式
攀登架	限高 2m
平衡木	长度 2m，宽度 0.15~0.2m（不同年龄高度有所区别），也可以配梅花桩等
秋千	高度 1.9m
沙包	重 100~150g
体操垫	长度 2m，宽度 1m，厚度 0.1m
压板	中间支柱高度 0.4~0.5m，长度 2~2.5m，距两端 0.3m 处安装把手，缓冲器高度 0.2m
钻圈或拱形门	直径 0.5~0.6m

4.3.13　幼儿园室内环境污染浓度限量要求

幼儿园室内环境污染浓度限量要求见表 4-46。

表 4-46　幼儿园室内环境污染浓度限量要求

污染物名称	浓度限量
氡/（Bq/m³）	≤200
甲醛/(mg/m³)	0.03<C≤0.05
苯/(mg/m³)	0.02<C≤0.05
甲苯/(mg/m³)	0.10<C≤0.15
二甲苯/(mg/m³)	0.10<C≤0.15
氨/(mg/m³)	≤0.2
TVOC/(mg/m³)	0.20<C≤0.35

4.3.14　幼儿园其他相关数据尺寸

4.3.14.1　基本知识

幼儿园其他相关数据尺寸见表 4-47。

表 4-47　幼儿园其他相关数据尺寸

项目	数据尺寸
灯具距楼、地面的高度要求/m	2.5
配电箱下口距楼、地面的高度要求/m	≥1.8
幼儿出入的门厅、走廊不得设台阶。地面有高差时，需要设置防滑坡道，其坡度要求	≤1:12
幼儿扶手高度/m	≤0.6
幼儿活动用房需要采用安全型插座，插座距楼、地面的高度要求/m	≥1.8
幼儿经常出入的门内需要设置的观察窗距地的高度要求/m	0.6~1.2
幼儿园班级活动单元的室内净高/m	≥3

续表

项目	数据尺寸
幼儿园单边走廊的净宽/m	≥1.8
幼儿园中廊净宽/m	≥2.4
幼儿园综合活动室的室内净高/m	≥3.9
照明开关距楼、地面的高度要求/m	≥1.4
紫外线杀菌灯的开关需要单独设置,其距楼、地面的高度要求/m	≥1.8
走廊、阳台开启窗距地要求/m	≤1.8

4.3.14.2 一点通

幼儿园装修时,需要注意的地方比较多。其中,所选材料要环保、健康。幼儿园地面装修应选择防滑、环保、耐磨、有弹性的材料。常见的幼儿园装修地面材料有防滑的仿古砖或者仿木纹砖、实木和复合木地板、PVC 地板等类型。

4.4 各类体育建筑与设施

4.4.1 体育馆用木质地板的尺寸规格与允许偏差

体育馆用木质地板的尺寸规格与允许偏差见表 4-48。

表 4-48 体育馆用木质地板的尺寸规格与允许偏差

项目	体育馆用木质地板规格尺寸									
	面层地板/mm					龙骨/mm		载荷分布层(毛地板)/mm		
	实木地板	实木复合地板	实木集成地板	竹地板	浸渍纸层压木质地板	实木方材	单板层积材	实木板材	胶合板	定向刨花板
长度		≥300				≥1200	≥1220	≥1200	≥1220	
宽度		≥50				≥50	≥50	≥90	≥1220	
厚度	≥20	≥14	≥20	≥14	≥14	≥50	≥12	≥20	≥12	

体育馆用木质地板结构层尺寸偏差			
项目	结构层尺寸偏差/mm		
	长度	厚度	宽度
载荷分布层（毛地板）实木板材	±2.0	±0.2	±1.0
载荷分布层（毛地板）胶合板	±2.5	±0.2	±2.5
载荷分布层（毛地板）定向刨花板	±3.0	±0.2	±3.0
龙骨 实木方材	±3.0	±0.2	±2.0
龙骨 单板层积材	±2.5	±0.2	±2.5
面层地板 实木地板	±1.0	±0.2	±0.2
面层地板 实木复合地板	±1.0	±0.4	±0.2
面层地板 实木集成地板	±1.0	±0.4	±0.2
面层地板 竹地板	±0.5	±0.3	±0.2
面层地板 浸渍纸层压木质地板	±1.0	±0.2	±0.2

注：整体结构厚度偏差为 $^{+3}_{-2}$ mm。

4.4.2 体育场规模分级数据依据

体育场规模分级的数据依据见表 4-49。

表 4-49 体育场规模分级的数据依据

等级	观众席容量/座
特大型体育场	＞60000
大型体育场	40000～60000
中型体育场	20000～40000
小型体育场	＜20000

4.4.3 体育建筑的照明灯具最低安装高度与光束投射角要求

体育建筑的照明灯具最低安装高度与光束投射角要求见表 4-50。

表 4-50　体育建筑的照明灯具最低安装高度与光束投射角要求

运动项目或场馆	方式	最低安装高度与光束投射角	
		训练	比赛
室外篮球场、排球场、网球场	灯杆	投射角 20°以上 灯杆 10m 以上	投射角 25°以上 灯杆 12m 以上
室内综合体育馆（训练馆）	侧光	6m 以上（球类）	投光灯最大光强宜控制在与水平成 45°角度范围内
游泳馆	侧光	—	最大光强与垂直面（池中心）成 50°角度范围内
足球场、田径综合体育场	四塔多塔	投射角 20°	投射角宜为 25°
足球场、田径综合体育场	光带	投射角 20°	投射角宜为 25° 与最近场地边线夹角宜≤65°

4.4.4 体育建筑观众席尺寸

4.4.4.1 基本知识

体育建筑观众席参考尺寸见表 4-51。

表 4-51　观众席参考尺寸　　　单位：m

席位种类	有背软椅	活动软椅	扶手软椅	无背条凳	无背方凳	有背硬椅
排距	0.85	1.00	1.20	0.72	0.75	0.80
座宽	0.50	0.55	0.60	0.42	0.45	0.48

4.4.4.2 一点通

一般观众座椅的高度不宜小于 0.35m，且不应超过 0.55m。

4.4.5　中小学校体育设施合成材料面层运动场地平均厚度

中小学校体育设施合成材料面层运动场地平均厚度要求见表4-52。

表 4-52　中小学校体育设施合成材料面层运动场地平均厚度要求

单位：m

名称 \\ 类型	透气型	混合型	复合型	备注
篮球、排球场地	≥0.01	≥0.007	≥0.007	—
体育器材地面铺设的地垫	≥0.025	—	—	—
田径场地	≥0.012	≥0.01	≥0.011	加厚区为≥0.015
网球场地	≥0.009	≥0.006	≥0.007	—

4.4.6　爬绳、爬杆器材的规格尺寸（中小学体育器材）

4.4.6.1　基本知识

爬绳、爬杆器材的规格尺寸（中小学体育器材）见表4-53。

表 4-53　爬绳、爬杆器材的规格尺寸（中小学体育器材）

单位：mm

类型	绳杆的握持直径	器材的有效使用宽度	器材的有效使用高度
中学	30～38	≥600	≤3500
小学	28～35	≥600	≤3500

注：1.本表器材的有效使用高度是指爬绳、爬杆等器材自运动地面计起的有效使用高度。
2.爬绳、爬杆器材的有效使用宽度是指可提供使用者予以安全运动的有效空间的宽度。

4.4.6.2　一点通

爬杆的下端，如果设置为非固定的悬空结构，则其下端到运动地面的离地高度一般为200mm，爬杆到其垂直轴线的单向摆动幅度不宜大于8°。另外，爬绳与爬杆上端的连接部分，需要设置有防止绳杆断裂的防护装置。

4.4.7 软梯器材的规格尺寸 (中小学体育器材)

软梯器材的规格尺寸（中小学体育器材）见表 4-54。

表 4-54 软梯器材的规格尺寸（中小学体育器材） 单位：mm

类型	握持直径	器材的有效使用高度	梯阶的间隔距离
中学	25～30	≤3500	300±10
小学	25～30	≤3500	250±10

注：软梯器材的握持直径是指在软梯的有效攀爬范围内，横杆上任一攀爬部位的握持直径。

4.4.8 吊环器材的规格尺寸 (中小学体育器材)

吊环器材的规格尺寸（中小学体育器材）见表 4-55。

表 4-55 吊环器材的规格尺寸（中小学体育器材） 单位：mm

类型	两环宽度	悬垂点高度	环架立柱内侧间距	环圈距地面高度	环圈截面直径
中学	500±5	5000	2500±100	2200±50	28±0.5
小学	500±5	4500	2200±100	1800±50	25±0.5

注：1. 悬垂点高度是指吊环器材的上横梁悬挂环带的连接点距运动地面的高度。
2. 环圈距地面的高度是指环圈内径的下部距运动地面的高度。
3. 两环宽度是指两环圈的中心距或者悬吊环圈的环带中心距。

4.4.9 攀网器材的规格尺寸 (中小学体育器材)

攀网器材的规格尺寸（中小学体育器材）见表 4-56。

表 4-56 攀网器材的规格尺寸（中小学体育器材） 单位：mm

类型	网绳握持直径	其余处可握持直径	网格间距	有效使用宽度	有效使用高度
中学	20±2	16～35	200×200	2000±200	≤3500
小学	20±2	16～30	200×200	2000±200	≤3000

注：1. 有效使用高度是指攀网器材自运动地面计起到器材可安全握持攀登的最高握持处（单面式）或最高踩踏处（平顶式）的距离。
2. 有效使用宽度是指攀网器材可提供使用者予以安全握持攀爬的有效宽度。

4.4.10　平行梯器材的规格尺寸（中小学体育器材）

平行梯器材的规格尺寸（中小学体育器材）见表 4-57。

表 4-57　平行梯器材的规格尺寸（中小学体育器材）

单位：mm

类型	长度	悬垂握持直径	纵向握持间距	有效使用宽度	最高使用高度
中学	4000±500	30～35	≤350	600±100	≤2300
小学	4000±500	28～32	≤300	600±100	≤2100

注：1.最高使用高度是指自运动地面计起到可供使用者安全悬垂握持的最高处零部件上表面的高度距离。

2.有效使用宽度是指可提供使用者安全悬垂握持的有效宽度。

4.4.11　肋木架器材的规格尺寸（中小学体育器材）

肋木架器材的规格尺寸（中小学体育器材）见表 4-58。

表 4-58　肋木架器材的规格尺寸（中小学体育器材）

单位：mm

类型	使用宽度	最高使用高度	握持直径	横肋间距
中学	≥1000	2500±100	30～35	300
小学	≥800	2200±100	28～32	250

注：1.最高使用高度是指自运动地面计起到可供使用者安全悬垂握持的最高处的横肋上表面的高度距离。

2.横肋间距是指肋木架器材上相邻的上下横肋间的中心距。

4.4.12　攀岩墙器材的规格尺寸（中小学体育器材）

4.4.12.1　基本知识

攀岩墙器材的规格尺寸（中小学体育器材）见表 4-59。

表 4-59　**攀岩墙器材的规格尺寸**（中小学体育器材）

个体墙体宽度/mm	墙体高度/mm	攀爬块数量个/m²	抓紧处厚度/mm	中号攀爬块表面积/cm²	小号攀爬块表面积/cm²	大号攀爬块表面积/cm²
≥1500	≤4000	≥4	≤55	100	60	150

注：1.抓紧处厚度是指各类形状的攀爬块上，供攀登者手掌安全抓紧而专门设置的在垂直或水平方向的抓紧处的尺寸。

2.个体墙体宽度是指满足一个人运动攀登时安全适宜的最小墙面宽度。

3.攀爬块表面积是指单个攀爬块上，除去与墙面接触的平面和紧固件孔位以后，凸出在攀岩墙的墙面以外的攀爬块的外露表面积。

4.4.12.2　一点通

攀岩墙攀登面装置的攀爬块，需要基本均衡、大小间隔地分布。例如：每平方米 4 个的攀爬块，应有小号攀爬块 1 个、中号攀爬块 2 个、大号攀爬块 1 个。

4.4.13　不具有杠面弹力性能的单杠器材的规格尺寸 (中小学体育器材)

不具有杠面弹力性能的单杠器材的规格尺寸（中小学体育器材）见表 4-60。

表 4-60　**不具有杠面弹力性能的单杠器材的规格尺寸**（中小学体育器材）

单位：mm

类型	杠面高度	横杠的外径	使用宽度
中学	1300～2400	≤32	≥1200
小学	1000～2000	≤32	≥1200

4.4.14　不具有杠面弹力性能的双杠器材的规格尺寸 (中小学体育器材)

4.4.14.1　基本知识

不具有杠面弹力性能的双杠器材的规格尺寸（中小学体育器材）见表 4-61。

表 4-61　不具有杠面弹力性能的双杠器材的规格尺寸（中小学体育器材）

单位：mm

类型	杠长	杠高	杠面截面		纵向立柱中心距	两杠内侧距离
			长径	短径		
中学	2500	1300～1700	50	40	1500±100	390～520
小学	2000	700～1300	50	40	1000±100	360～450

4.4.14.2　一点通

双杠器材的杠面截面如果设置为圆形，则其外径一般不大于 45mm。

4.4.15　中学用单杠的基本尺寸参数（弹力型）

中学用单杠（弹力型）的基本尺寸参数见表 4-62。

表 4-62　中学用单杠（弹力型）的基本尺寸参数 单位：mm

项目		基本尺寸	极限偏差
杠面高度		1400～2400	±10
两立柱支点中心距		2000～2400	
横杠直径		28	±0.5
立柱升降间距		50	—
地板钩位置	L（长度）	5500	±50
	B（宽度）	4000	

4.4.16　小学用单杠的基本尺寸参数（弹力型）

小学用单杠（弹力型）的基本尺寸参数见表 4-63。

表 4-63　小学用单杠（弹力型）的基本尺寸参数 单位：mm

项目	基本尺寸	极限偏差
杠面高度	1200～2000	±10
两立柱支点中心距	2000～2400	

项目	基本尺寸	极限偏差
横杠直径	28	±0.5
立柱升降间距	50	—

4.4.17 中学用双杠的基本尺寸参数（弹力型）

中学用双杠（弹力型）的基本尺寸参数见表4-64。

表 4-64 中学用双杠（弹力型）的基本尺寸参数 单位：mm

项目	基本尺寸	极限偏差
杠高	1300～1700	±10
杠长	3000～3500	
杠面断面（卵圆形）	短径40、长径50	±2
两杠内侧距离	410～610	无级调节
纵向立轴中心距	2000～2300	±10
升降间距	50	—

4.4.18 小学用双杠的基本尺寸参数（弹力型）

小学用双杠（弹力型）的基本尺寸参数见表4-65。

表 4-65 小学用双杠（弹力型）的基本尺寸参数 单位：mm

项目	基本尺寸	极限偏差
杠高	1000～1300	±10
杠长	2700～3000	
杠面断面（卵圆形）	短径40、长径50	±2
两杠内侧距离	320～520	无级调节
纵向立轴中心距	1800～2000	±10
升降间距	50	—

4.4.19　山羊的基本尺寸和极限偏差

山羊的基本尺寸和极限偏差见表 4-66。

表 4-66　山羊的基本尺寸和极限偏差　　　　单位：mm

部位	中学用山羊		小学用山羊	
	基本尺寸	极限偏差	基本尺寸	极限偏差
立轴升降间距	50	±3	50	±3
山羊全高	1000～1300	±10	680～1080	±10
山羊头长	500～600	±5	420～460	±5
山羊头高	260～330	±5	180～220	±5
山羊头宽	360	±5	280	±5
山羊腿壁厚	≥3	—	≥3	—
山羊腿外直径	≥30	—	≥30	—
羊脚底椭圆面长径	≥100	—	≥60	—
羊脚底椭圆面短径	≥80	—	≥50	—

4.4.20　乒乓球台的基本参数和尺寸

乒乓球台的基本参数和尺寸见表 4-67。

表 4-67　乒乓球台的基本参数和尺寸　　　　单位：mm

项目	基本尺寸		极限偏差
	A 型	B 型	
球台长度	2740	2340	±3
球台宽度	1525	1300	±2
球台高度	680	640	±3

续表

项目	基本尺寸		极限偏差
	A 型	B 型	
网架高度	152.5	130	±2
半张台面两对角线之差	—		≤3
半张台面平面度	—		≤3
端、边线宽度	20		±1
网架长度	152.5		±2
中线对称度	—		≤2
中线宽度	3		±0.5
台面板厚度	14～29		

4.4.21 乒乓球台的物理性能

乒乓球台的物理性能见表 4-68。

表 4-68 乒乓球台的物理性能

项目	指标值
弹性/mm	230～260
弹性均匀度/mm	≤10
球台稳定性/mm	≤14
台面光泽度（60°）/（°）	≤10
台面与球面摩擦系数	≤0.6

4.4.22 乒乓球台台脚与周边、地面的距离

乒乓球台台脚与周边、地面的距离见表 4-69。

表 4-69　乒乓球台台脚与周边、地面的距离　　单位：mm

项目	尺寸数据	
	A 型	B 型
端部撑档与地面的距离	250	
侧面撑档与地面的距离	250	
台脚与端面的距离	＞150	＞100
台脚与两侧的距离	＞100	＞60

4.4.23　跳远与三级跳远场地规格

跳远与三级跳远场地的规格见表 4-70。

表 4-70　跳远与三级跳远场地规格　　单位：m

名称		尺寸数据	
		跳远	三级跳远
落地区（沙坑）	长（不含边框 0.05m）	≥9	≥9
	宽（不含边框宽 0.05m）	2.75~3.00	2.75~3.00
助跑道	起点到起跳板线距离	≥40，宜≥45	≥40，宜≥45
	起跳板尺寸	长 1.21~1.22，宽 0.2±0.02，厚 0.10	长 1.21~1.22，宽 0.2±0.02，厚 0.10
	起跳板线到沙坑近端	1~3	≥11（女子）；≥13（男子）
	起跳点到沙坑远端	≥10~12	20（女子）；22（男子）

4.4.24　跳高场地规格

跳高场地规格见表 4-71。

表 4-71 跳高场地规格 单位：m

助跑道			落地区			
比赛等级	半径	材料、坡度	半径	长	宽	材料
一般比赛	≥15	材料与竞赛跑道相同，坡度≤0.4%，并朝向横杆中心	≥15	≥5	≥3	垫子
国内、国际正式比赛	≥20		≥20			
条件允许	25		25			

4.4.25 撑竿跳高场地规格

撑竿跳高场地规格见表 4-72。

表 4-72 撑竿跳高场地规格 单位：m

落地区			助跑道		
长	宽	材料	宽	长	材料、坡度
5	5	垫子	1.22（±0.01）	≥45	同径赛跑道

4.4.26 中小学校跳高场地、器械相关数据尺寸

4.4.26.1 基本知识

中小学校跳高场地、器械相关数据尺寸见表 4-73。

表 4-73 中小学校跳高场地、器械相关数据尺寸

项目	数据尺寸
采用垫子的落地区，采用防鞋钉穿透的落地垫，其垫子的高度要求/m	≥0.7
采用垫子的落地区，其垫子的长度/m	≥6
采用垫子的落地区，其垫子的宽度/m	≥4
采用堆沙的落地区，其堆沙的厚度/m	≥0.5

项目	数据尺寸
采用堆沙的落地区，其沙坑深度/m	0.3
跳高架横杆的长度/m	3～4
跳高架横杆的直径/m	25～30
跳高架横杆质量/g	≤2000
跳高架立柱的高度刻度/m	0.5～2
跳高架立柱与落地区间的距离/m	≥0.1

4.4.26.2 图例

中小学校跳高场地、器械相关数据尺寸如图 4-3 所示。

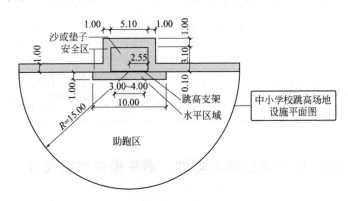

图 4-3 中小学校跳高场地规格数据尺寸（单位：m）

4.4.26.3 一点通

中小学校跳高场地一般采用椭圆形跑道的助跑区，并且设置可移动道牙。椭圆形跑道需要与沿跑道边缘的弓形表面一致，并且该处的排水沟盖板不应有漏水孔。

4.4.27 推铅球场地规格

推铅球场地规格见表 4-74。

表 4-74　推铅球场地规格

扇形落地区			投掷圈	
圆心角/°	长（半径）/m	地面材料	直径/m	材料
34.92	25	可留下痕迹的材料	2.135(±0.005)	钢圈、木抵趾板、水泥地

4.4.28　中小学校推铅球场地相关数据尺寸

4.4.28.1　基本知识

中小学校推铅球场地相关数据尺寸见表 4-75。

表 4-75　中小学校推铅球场地相关数据尺寸

项目	数据尺寸
带状钢材圈箍规格/m	0.076×0.006
落地区线外安全区宽度要求/m	≥2
落地区需要铺草坪或其他适宜材料，并应以白线标识，白线的宽度要求/m	0.05
落地区在投掷方向上的纵向坡度要求/%	≤0.1
铅球投掷圈内沿直径/m	2.135±0.005
投掷圈内次要位置可分开设置三个与地面齐平的防腐蚀排水口，需要从投掷圈两边各画一条白线，其长度要求/m	≥0.75
投掷圈内次要位置可以分开设置三个与地面齐平的防腐蚀排水口，需要从投掷圈两边各画一条白线，其宽度要求/m	0.05
投掷圈区域内地面比投掷圈上沿低的尺寸/m	0.02±0.006
投掷圈区域内地面采用混凝土的厚度要求/m	≥0.15
投掷圈用黄铜管埋置，其内径要求/m	0.04

4.4.28.2　图例

中小学校推铅球场地规格如图 4-4 所示。

4.4.28.3　一点通

投掷圈需要有圆心标识，并且需要与表面齐平。投掷圈内次要位置，可以分开设置三个与地面齐平的防腐蚀排水口。

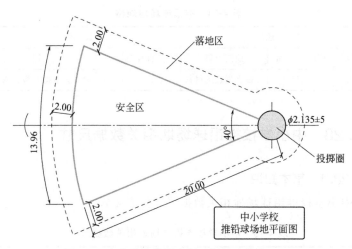

图 4-4　中小学校推铅球场地规格（单位：m）

4.4.29　中小学校掷铁饼场地相关数据尺寸

4.4.29.1　基本知识

　　中小学校掷铁饼场地相关数据尺寸见表 4-76。

表 4-76　中小学校掷铁饼场地相关数据尺寸

项目	数据尺寸
挡网或挂网最低点高度要求/m	≥4
钢丝网眼尺寸要求/m	≤0.05
护笼开口的宽度要求/m	6
落地区需要铺草坪或其他适宜材料。从投掷方向看，落地区向下的纵向坡度要求/%	≤0.1
绳索网眼尺寸要求/m	≤0.044
投掷圈的圈箍采用钢材或其他适宜材料制成，其高度要求/m	0.07~0.08
投掷圈的圈箍采用钢材或其他适宜材料制成，其厚度要求/m	≥0.006
投掷圈内需要采用混凝土地面，圈内地面需要水平，并且需要比投掷圈上沿低的尺寸要求/m	0.02±0.006

续表

项目	数据尺寸
投掷圈内需要至少设置与地面平齐的排水口的数量要求/个	3
投掷圈内沿直径/m	2.5±0.005

4.4.29.2 图例

中小学校掷铁饼场地规格如图 4-5 所示。

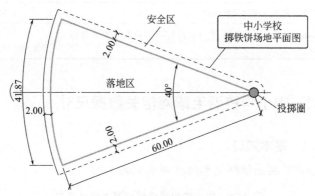

图 4-5　中小学校掷铁饼场地规格（单位：m）

4.4.29.3 一点通

铁饼投掷圈一般由圈箍、地面等组成。投掷圈的圈箍一般漆成白色，并且顶面需要与投掷圈外的地面平齐。圈内需要设置圆心标识。

4.4.30 羽毛球场地相关数据尺寸

羽毛球场地相关数据尺寸见表 4-77。

表 4-77　羽毛球场地相关数据尺寸　　单位：m

项目	数据尺寸
球场四周距离要求（该距离范围内不得有任何障碍物）	≥2
任何并列的羽毛球场间最小距离	2
羽毛球场地长度	13.4

续表

项目	数据尺寸
羽毛球单打场地宽度	5.18
羽毛球单打场地对角线长	14.366
羽毛球双打场地宽度	6.10
羽毛球双打场地对角线长	14.723
羽毛球场地中央球网两边柱子高度	1.55
羽毛球场地中央球网中间网高度	1.524
整个羽毛球球场上空空间要求（该高度内不得有任何横梁或其他障碍物）	≥9

4.4.31　中小学校羽毛球网相关数据尺寸

4.4.31.1　基本知识

中小学校羽毛球网基本尺寸要求见表 4-78。

表 4-78　中小学校羽毛球网基本尺寸要求

部位		基本尺寸/mm
球网长度		≥6100
球网上包边宽		70±4
球网左右包边宽		50±4
网线直径		1.5～2
球网宽度	中学	760±25
	小学	500±25
拉网中央高度	中学	1524±5
	小学	1314±5
网柱高度	中学	1550±8
	小学	1340±8

中小学校羽毛球场地其他相关数据见表 4-79。

表 4-79 中小学校羽毛球场地其他相关数据

项目	相关数据
场地外安全区，端线及边线外的距离要求/m	≥2
进行羽毛球单打比赛、教学、训练的场地尺寸/m	13.4×5.18
两块场地并列时的边线间距离（比赛场地）/m	6
两块场地并列时的边线间距离（训练场地）/m	≥2
球网中央高度/m	1.524
室内羽毛球场地四周墙壁反射率要求	<0.2
双打比赛场地的尺寸/m	13.4×6.1
羽毛球场地的面层采用混合型、复合型合成材料时，其平均厚度要求/mm	≥7
羽毛球场地的面层采用透气型合成材料时，其平均厚度要求/mm	≥10
羽毛球场地网柱高/m	1.55
羽毛球场地线宽/m	0.04
羽毛球教学、训练用场地的净高/m	≥9

4.4.31.2 图例

中小学校羽毛球场地规格数据尺寸如图 4-6 所示。

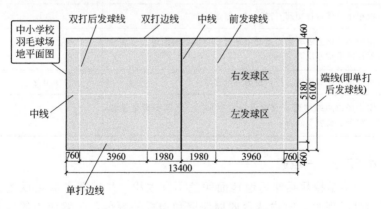

图 4-6 中小学校羽毛球场地规格数据尺寸

4.4.31.3　一点通

　　羽毛球场地界线宽度一般包含在各区域的有效范围内。室内羽毛球场地四周墙壁应为深色。羽毛球场地的网柱应设在场地边线的中心点上。

4.4.32　中小学校乒乓球场地相关数据尺寸

4.4.32.1　基本知识

　　中小学校乒乓球场地相关数据尺寸见表4-80。

表 4-80　中小学校乒乓球场地相关数据尺寸

项目	数据尺寸
乒乓球室内场地的净高/m	≥4
乒乓球场地球台尺寸（长度×宽度×高度）/m	2.74×1.525×0.76
乒乓球场地球台尺寸（小学）（长度×宽度×高度）/m	2.74×1.525×0.66
乒乓球场地球网的长度/m	1.83
乒乓球场地球网的高度/m	0.1525
活动围挡的高度/m	0.76
成组布置球台且中间有过道时，过道的净宽/m	≥1
室内场地地面需要采用运动木地板或合成材料面层，合成材料面层的平均厚度要求/mm	≥7
室内球台四周墙壁、挡板反射率的要求	<0.2
室内场地两端墙面不宜设直接自然采光，当两侧设采光窗时，窗台的高度要求/m	≥1.5

4.4.32.2　一点通

　　中小学校乒乓球场地地面颜色不宜太浅，并且需要避免反光强烈和打滑现象。室内球台四周墙壁和挡板的颜色，一般应为墨绿等深色。

4.4.33　中小学校腰旗橄榄球场地相关数据尺寸

4.4.33.1　基本知识

中小学校腰旗橄榄球场地相关数据尺寸见表 4-81。

表 4-81　中小学校腰旗橄榄球场地相关数据尺寸　　单位：m

项目	数据尺寸
端线及边线外的安全区宽度	5
腰旗橄榄球场地的长度	55～73
腰旗橄榄球场地的宽度	18～27
腰旗橄榄球场地优先采用的规格	73×27

4.4.33.2　图例

中小学校腰旗橄榄球场地图例如图 4-7 所示。

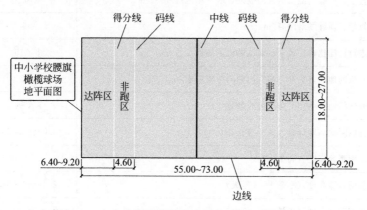

图 4-7　中小学校腰旗橄榄球场地图例（单位：m）

4.4.33.3　一点通

中小学校腰旗橄榄球场地，可以根据实际用地情况按比例调整场地大小。

4.4.34　篮球架与篮球场地相关数据尺寸

4.4.34.1　基本知识

中小学校篮球场地相关数据见表 4-82。

表 4-82　中小学校篮球场地相关数据

项目	数据尺寸
比赛场地的规格画线宽度允许偏差/m	≤0.002
比赛场地的规格允许偏差/m	<0.01
比赛场地外安全区的宽度要求（边线外）/m	≥6
比赛场地外安全区的宽度要求（端线外）/m	≥5
场地线的线宽/mm	50
初中教学用场地尺寸/m	26×13
教学、训练场地安全区的宽度要求（场地线外）/m	≥2
教学、训练场地净高/m	≥6
进行篮球比赛、教学、训练的比赛场地尺寸/m	28×15
篮板的地面正投影与端线内侧的距离要求/m	1.2
篮球场地可兼作足球场的人制数	5 人制
篮圈距地高度（成人或竞技比赛）	3.05±0.008
篮圈距地高度（高中生）	3.05±0.008
篮圈距地高度（小学 1～3 年级）	2.05±0.008
篮圈距地高度（小学 4～6 年级）	应为 2.35±0.008
篮圈距地高度（中学生）	应为 2.7±0.008
三对三篮球比赛场地宜为半个标准篮球场，其场地尺寸要求	14×15
小学教学用场地尺寸	18×10

中小学校篮球网基本尺寸见表 4-83。

表 4-83 中小学校篮球网基本尺寸 单位：mm

网眼	网口直径	网底直径	网线直径	网高
45～50（菱形）	450±8	350±8	$\phi 2.5～\phi 4.0$	400～450

4.4.34.2 图例

篮球架相关尺寸图例如图 4-8 所示。

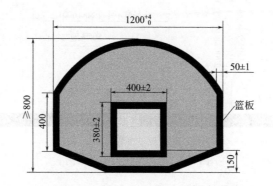

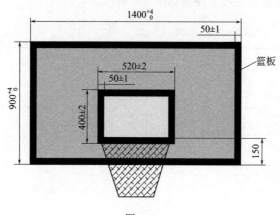

图 4-8

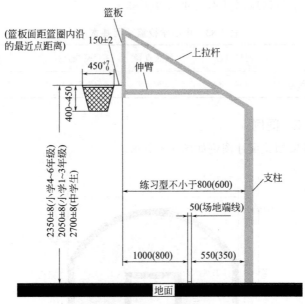

图 4-8　篮球架相关尺寸图例

篮球场地相关尺寸图例如图 4-9 所示。

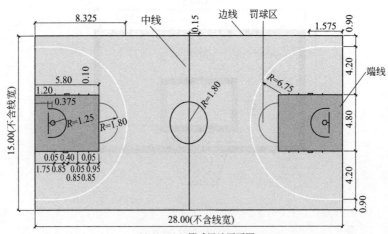

28.00×15.00篮球场地平面图

图 4-9　篮球场地相关尺寸图例（单位：m）

4.4.35　排球场地规格数据尺寸

4.4.35.1　基本知识

中小学校排球场地相关数据见表 4-84。

表 4-84　中小学校排球场地相关数据

项目	数据尺寸
进行排球比赛、教学、训练的场地尺寸/m	18×9
排球场地的面层采用混合型、复合型合成材料时，其平均厚度的要求/mm	≥7
排球场地的面层采用透气型合成材料时，其平均厚度的要求/mm	≥10
排球场地四周安全区尺寸/m	≥3
排球场地线宽/mm	50
球网中央高度（小学）/m	1.8±0.005
球网中央高度（中学）/m	2±0.005
网柱应为圆形，并且需要设在边线外处的距离/m	0.5～1
网柱应为圆形，并且需要设在边线外处的距离（比赛场地）/m	1
网柱柱高/m	2.55

中小学校用排球网基本尺寸见表 4-85。

表 4-85　中小学校用排球网基本尺寸

部位名称		基本尺寸/mm
球网长度		9500～10000
拉网中央高度	中学	2000±5
	小学	1800±5
网柱高度	中学	2120±5
	小学	1920±5
球网宽度	中学	1000±25
	小学	700±25
网孔尺寸		(100±20)×(100±20)（正方形）

续表

部位名称	基本尺寸/mm
球网上包边宽	70±4
球网两端高度	球网两端高度不应高于拉网中央高度 200mm，且两端高度应相等

4.4.35.2　图例

排球场地规格数据尺寸图例如图 4-10 所示。

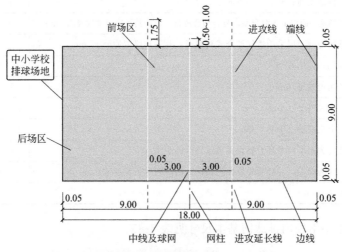

图 4-10　排球场地规格数据尺寸图例（单位：m）

4.4.36　网球场地规格数据尺寸

4.4.36.1　基本知识

中小学校网球场地相关数据见表 4-86。

表 4-86　中小学校网球场地相关数据

项目	数据尺寸
场地发球中线宽度/mm	50

续表

项目	数据尺寸
场地外安全区的宽度（边线外）/mm	≥3.66
场地外安全区的宽度（端线外）/m	≥6.4
挡网场地表面任何位置的高差要求/m	≤0.002
挡网的高度/m	≥4
挡网横梁的边长或外径要求/mm	≥65
挡网方形立柱边长的尺寸要求/mm	≥65×65
挡网圆形立柱外径的尺寸要求/mm	75
挡网网眼尺寸/mm	44.5×44.5
挡网应位于场地边缘内侧的位置（处）/mm	300
挡网柱、梁中心的距离要求/m	≥3
端线宽度/mm	100
进行网球单打比赛、教学、训练的场地尺寸/m	23.77×8.23
球网的抗张强度要求/kg	≥124
球网合股线的抗张强度要求/kg	84~141
球网中央的高度/m	0.914
室内网球场地两端墙面涂刷较深颜色部分的高度要求/m	<3.66
室内网球场地两边墙面涂刷较深颜色部分的高度要求/m	<2.44
室外网球场全打区场地表面应至少比周围地面高的尺寸要求/m	0.254
网球双打比赛场地的尺寸/m	23.77×10.97
网带里的绳索或钢丝绳的抗断强度要求/kg	≥1179
网球场地的面层采用丙烯酸材料时，其平均厚度的要求/mm	≥3
网球场地的面层采用混合型、复合型合成材料时，其平均厚度的要求/mm	≥7
网球场地的面层采用透气型合成材料时，其平均厚度的要求/mm	≥10
网球场地规格尺寸的允许偏差/mm	±5
网球场其他界线的宽度（除中线宽度、端线宽度外）/mm	50
网球场球网上方净高/m	≥12.5
网球场四周墙壁、场地外围区域净高/m	≥3

续表

项目	数据尺寸
网柱高度/m	1.07
网柱高度不应超过网绳顶端以上的距离/mm	25.4
网柱应设在边线外的位置（处）/m	0.914

中小学校网球网基本尺寸要求见表 4-87。

表 4-87 中小学校网球网基本尺寸要求

部位	基本尺寸/mm
球网长度	12800±30
网柱高度	1070±5
网孔尺寸	（45±3）×（45±3）（正方形）
球网上包边宽	40~50
球网左右包边宽	40~50
网线直径	2.5~3.5
球网宽度	1070±25
拉网中央高度	914±5

中小学校网球场地表面物理机械性能要求见表 4-88。

表 4-88 中小学校网球场地表面物理机械性能要求

项目	性能指标
冲击吸收/%	5~15
地面速率	30~45
渗水性（率）/(mm/min)	0
反（回）弹值/%	≥80
滑动阻力/N	60~100

4.4.36.2 图例

中小学校网球场地的规格数据尺寸图例如图 4-11 所示。

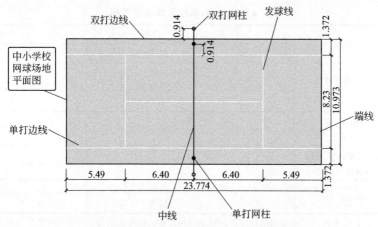

图 4-11 中小学校网球场地规格数据尺寸图例（单位：m）

4.4.36.3 一点通

网球场地表面颜色应均匀，不应出现明显的色差。所有场地线应是同一颜色，场地四周围挡一般使用较深颜色。

4.4.37 足球场地相关数据尺寸

4.4.37.1 基本知识

足球场地规格见表 4-89。

表 4-89 足球场地规格

类别	使用性质	宽度/m	长度/m	地面材料及坡度
标准足球场	一般性比赛	45～90	90～120	天然草坪 ≤5/1000
	国际性比赛	64～75	100～110	
	国际标准场	68	105	
	专用足球场	68	105	
非标准足球场	业余训练和比赛	根据具体条件制定场地尺寸，但任何情况下，长度均应大于宽度		人工草坪、天然草坪、土场地

中小学校足球场地规格见表 4-90。

表 4-90　中小学校足球场地规格

部位	数据尺寸		
	5 人制	11 人制(标准足球场地)	7 人制
场地尺寸 （长×宽）/m	(25～42)×(15～25)	(90～120)×(45～90) （竞技比赛场地为: 105×68）	(60～70)×(40～50)
球门尺寸 （长×高）/m	3×2	7.32×2.44	5.5×2
线宽、球门柱宽度、 横梁厚度/mm	80	120	100
安全区/m	≥1.5	边线外≥1.5 端线外≥3.0	≥1.5 端线外≥2.0

注：1.非标准足球场根据具体条件制定场地尺寸，但任何情况下长度均应大于宽度。

2.表中场地宽度有区间范围的，宜按 11 人制足球比赛场地比例（长：宽约为 1.5：1）设计。

中小学校足球门与足球网的规格要求见表 4-91。

表 4-91　中小学校足球门与足球网的规格要求　单位：mm

中小学校足球门规格					
基本尺寸 部位名称	1 号球门	2 号球门	3 号球门	对角线误差	横梁挠度
球门上方深度	2400	1140	900	≤15	≤10
球门内口宽度	7320±10	5500±10	3000±10		
球门下方深度	3000	2000	1500		
球门内高度	2440±10	2000±10	2000±10		

中小学校足球网规格				
基本尺寸 部位名称	1 号球门网	2 号球门网	3 号球门网	允许偏差
网后部高	2400	1400	900	±50
网上部深	2500	2100	2100	
网长	7320	5500	3000	±80
网线直径	2.5～4.0			
网眼	(100×100)～(150×150)（正方形）			
网前部高	3000	2000	1500	±50

续表

中小学校足球网规格				
基本尺寸 部位名称	1 号球门网	2 号球门网	3 号球门网	允许偏差
网下部深	2440	2000	2000	±50

注：中小学用足球门分为 1 号足球门（11 人制足球比赛用足球门）、2 号足球门（7 人制足球比赛用足球门）和 3 号足球门（5 人制足球比赛用足球门）。

4.4.37.2 图例

中小学校足球场地规格图例如图 4-12 所示。

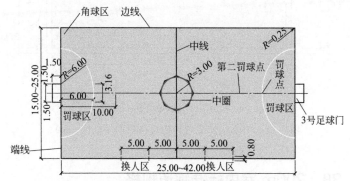

(a) 中小学校5人制足球场地平面图

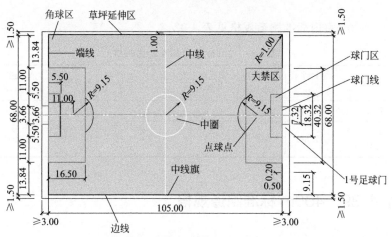

(b) 中小学校11人制足球场地平面图

图 4-12

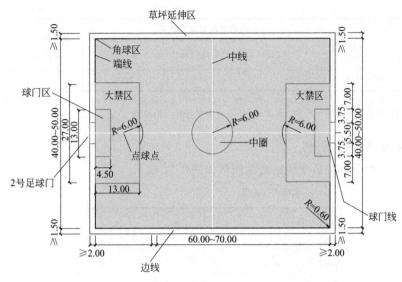

(c)中小学校7人制足球场地平面图

图 4-12　中小学校足球场地规格图例（单位：m）

4.4.38　200m 室内标准跑道规格

200m 室内标准跑道规格见表 4-92。

表 4-92　200m 室内标准跑道规格

周长/m	弯道半径/m	过渡弯曲区长/m	分道数/条	每分道宽/m	水平直道长/m	弯道倾斜	两弯道圆心距/m
内沿 198.140	17.204	10.022	4~6	0.9~1.1	35	10°09′25″	44.994
第一分道 200.00	17.500	10.108	4~6	0.9~1.1	35	10°09′25″	44.994

4.4.39　400m 标准跑道规格

4.4.39.1　基本知识

400m 标准跑道规格见表 4-93。

表 4-93 400m 标准跑道规格

建筑等级	环形道——弯道半径（内沿）/m	环形道——两圆心距（直段）/m	环形道——每条分道宽度/m	环形道——分道最少数量/条
特级甲级	36.5	84.39	1.22	8
乙级	36.5	84.39	1.22	8
丙级	36.5	84.39	1.22	6

建筑等级	西直道——总长度/m	西直道——其中起点准备区长度/m	西直道——其中中点缓冲区长度/m	西直道——分道最少数量/条
特级甲级	140～150	5～10	25～30	8～10
乙级	140～150	5～10	25～30	8
丙级	140～150	5～10	25～30	8

4.4.39.2 图例

中小学校 400m 标准跑道规格如图 4-13 所示。

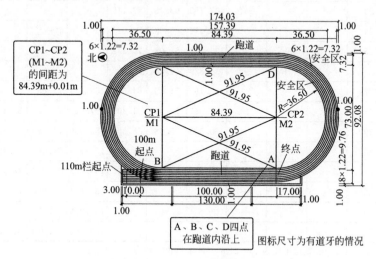

图 4-13 中小学校 400m 跑道规格（单位：m）

4.4.40 中小学校小型跑道规格

中小学校小型跑道规格见表 4-94。

表 4-94 中小学校小型跑道规格   单位：m

周长 R	200			300			350		
	A	B	C	A	B	C	A	B	C
15	92.008	42.20	52.248	—	—	—	—	—	—
16	90.866	44.20	49.106	—	—	—	—	—	—
17	89.724	46.20	45.965	—	—	—	—	—	—
17.5	89.182	47.20	44.422	—	—	—	—	—	—
18	88.583	48.20	42.823	—	—	—	—	—	—
19	87.441	50.20	39.681	—	—	—	—	—	—
20	86.30	52.20	36.54	—	—	—	—	—	—
21	85.158	54.20	33.398	—	—	—	—	—	—
22	—	—	—	138.897	61.08	80.257	—	—	—
23	—	—	—	137.755	63.08	77.115	—	—	—
24	—	—	—	136.614	65.08	73.974	—	—	—
25	—	—	—	135.472	67.08	70.832	—	—	—
26	—	—	—	134.330	69.08	67.690	—	—	—
27	—	—	—	133.189	71.08	64.549	158.189	71.080	89.549
28	—	—	—	132.047	73.08	61.407	157.047	73.080	86.407
29	—	—	—	130.906	75.08	58.266	155.906	75.080	83.266
30	—	—	—	—	—	—	154.764	77.080	80.124
31	—	—	—	—	—	—	153.622	79.080	76.982
32	—	—	—	—	—	—	152.481	81.080	73.841
33	—	—	—	—	—	—	151.339	83.080	70.699
34	—	—	—	—	—	—	150.198	85.080	67.558

注：1.200m 跑道半径为 15～21m，300m 跑道半径为 22～29m。

2.350m 跑道半径为 27～34m。

3.200m 跑道按 4 条分跑道。

4.300m、350m 跑道按 6 条分跑道。

5.R 为跑道内沿半径。

表 4-94 中的 A、B、C 如图 4-14 所示。

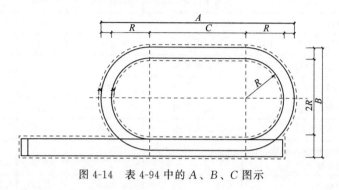

图 4-14 表 4-94 中的 A、B、C 图示

4.5 金融和医疗设施

4.5.1 金融设施低压配电系统的电气参数

金融设施低压配电系统的电气参数见表 4-95。

表 4-95 金融设施低压配电系统的电气参数

金融设施等级	特级、一级	二级	三级
电压波形畸变率/%	3~5	5~8	8~10
稳态电压偏移范围/%	±2	±5	−13~+7
稳态频率偏移范围/Hz	±0.2	±0.5	±1

4.5.2 金融建筑各类工作场所的照明标准值等要求

金融建筑各类工作场所的照明标准值、统一眩光值（UGR）、显色指数（R_a）要求见表 4-96。

表 4-96　金融建筑各类工作场所的照明标准值等要求

场所	参考平面及其高度	照度标准值/lx	UGR	R_a
保管库	地面	200	≤22	≥80
客户服务中心——VIP	0.75m 水平面	300	≤22	≥80
客户服务中心——普通	0.75m 水平面	200	≤22	≥60
培训部	0.75m 水平面	300	≤22	≥80
数据中心主机房	0.75m 水平面	500	≤19	≥80
信用卡作业区	0.75m 水平面	300	≤19	≥80
银行、证券、期货、保险业营业厅	地面	200	≤22	≥80
营业柜台	台面	500	≤19	≥80
证券、期货、外汇交易所交易厅	0.75m 水平面	300	≤22	≥80
自助银行	地面	200	≤19	≥80

4.5.3　金融设施其他电气有关数据

金融设施其他电气有关数据见表 4-97。

表 4-97　金融设施其他电气有关数据

项目	数据尺寸
二级金融设施供电可靠性等级	≥0.999
防静电接地系统中各连接部件间的接触电阻值的要求/Ω	≤0.1
非作业区域、通道等的照明照度均匀度的要求	≥0.5
辅助区、支持区、办公区平均用电功率密度/(W/m²)	70～100
机电设备维护通道的净宽/m	≥2.5
机房、电源室、配电间、精密空调室、电梯间、通道上的门框宽度/m	≥1.8
金融 UPS 的容量小于 200kV·A 时，其在线工作效率的要求/%	≥93
金融 UPS 的总容量大于等于 200kV·A 时，其在线工作效率的要求/%	≥92

续表

项目	数据尺寸
金融 UPS 进线端的功率因数要求	≥0.95
金融 UPS 总谐波电流畸变率的要求/%	≤15
金融建筑的通道、其他非作业区域正常照明的照度值不宜低于作业区域正常照明照度值的比值	1/3
金融设施的静态自动转换开关电源转换时间的要求/ms	≤5
金融设施需要采用共用接地系统，其接地电阻值需要满足相关各系统中最低电阻值的要求。无相关资料时，接地电阻的要求/Ω	≤1
金融设施专用变压器长期工作负载率的要求/%	≤75
离行式自助银行、自动柜员机室的外墙，以及银行值班室需要分别装设警铃。室内警铃的声压级要求/dB（A）	≥80
离行式自助银行、自动柜员机室的外墙，以及银行值班室需要分别装设警铃。室外警铃的声压级要求/dB（A）	≥100
没有设置应急发电机组时，二级金融设施 UPS 的持续供电时间的要求/h	≥8
没有设置应急发电机组时，特级、一级金融设施 UPS 的持续供电时间要求/h	≥12
数据中心主机房的柱距/m	≥9
数据中心主机房内绝缘体的静电电位要求/V	≤1000
数据中心主机房平均用电功率密度/（W/m²）	500～1500
特级金融设施的数据中心能源效率指标	≤1.8
特级金融设施供电可靠性等级	≥0.99999
现金、票据类作业区域的工作照明均匀度的要求	≥0.7
一级金融设施数据中心的能源效率指标	≤2
一级金融设施供电可靠性等级	≥0.9999
宜进行消防性能化设计的金融建筑的高度要求/m	>250
营业厅、交易厅等人员密集公共场所的疏散通道、疏散出入口、疏散楼梯间的疏散照明照度标准值的要求/lx	≥5
正常电源故障停电后，现金交易柜台、保管库、自动柜员机等处的备用照明电源转换的时间要求/s	≤0.1
主机房、电源室、配电间、精密空调室、电梯间、通道上的门框净高/m	≥2.4

续表

项目	数据尺寸
主机房、辅助区通道生产通道的净宽/m	≥2

4.5.4 医院候诊室卫生与环境要求

4.5.4.1 基本知识

区、县级以上医院（含区、县级）的候诊室（包括挂号、取药等候室）的卫生与环境要求见表 4-98。

表 4-98 医院候诊室的卫生与环境要求

项目	标准值
二氧化碳/%	≤0.1
风速/(m/s)	≤0.5
甲醛/(mg/m³)	≤0.12
可吸入颗粒物/(mg/m³)	≤0.15
空气细菌数——沉降法/(个/皿)	≤40
空气细菌数——撞击法/(cfu/m³)	≤4000
台面照度/lx	≥50
温度/℃——无空调装置的采暖地区冬季	≥16
温度/℃——有空调装置的采暖地区冬季	18~28
一氧化碳/(mg/m³)	≤5
噪声/dB（A）	≤55

4.5.4.2 一点通

候诊室需要有通风设施，保持室内空气新鲜。候诊室内一般不设公用饮水杯。

4.5.5 医院主要房间允许噪声级

医院主要房间允许噪声级见表 4-99。

表 4-99　医院主要房间允许噪声级

房间名称	允许噪声级（A 声级）/dB			
	低限标准		高限标准	
	昼间	夜间	昼间	夜间
病房、医护人员休息室	≤45	≤40	≤40	≤35
各类重症监护室	≤45	≤40	≤40	≤35
听力测听室	≤25		—	
化验室、分析实验室	≤40		—	
入口大厅、候诊厅	≤55		≤50	
诊室	≤45		≤40	
手术室、分娩室	≤45		≤40	
洁净手术室	≤50			
人工生殖中心净化区	≤40		—	

4.6　饮食建筑

4.6.1　饮食建筑类型与分类依据数据

4.6.1.1　基本知识

饮食建筑可以分为餐馆、快餐店、饮品店、食堂等类型。饮食建筑的类型与分类依据数据见表 4-100。

表 4-100　饮食建筑的类型与分类依据数据

建筑规模	建筑面积/m²	用餐区域座位数/座
特大型	>3000	>1000
大型	>500，且≤3000	<250，且≤1000

续表

建筑规模	建筑面积/m²	用餐区域座位数/座
中型	＞150，且≤500	＜75，且≤250
小型	≤150	≤75

注：表中建筑面积包括厨房区域、用餐区域、辅助区域等与食品制作供应直接或者间接相关的区域建筑面积。

食堂建筑的类型与分类依据数据见表4-101。

表4-101 食堂建筑的类型与分类依据数据

食堂建筑规模	小型	中型	大型	特大型
食堂服务的人数/人	≤100	＞100，且≤1000	＞1000，且≤5000	＞5000

注：食堂服务的人数指就餐时段内食堂供餐的全部就餐者人数。

4.6.1.2 一点通

饮食建筑的装饰，需要为消费者提供卫生、安全、舒适的就餐环境，也要为工作人员提供安全、高效、便捷的工作条件。饮食建筑的规模需要与提供的场所相协调。

饮食建筑与其他有碍公共卫生的开敞式污染源的距离一般不应小于25m。

4.6.2 饮食建筑用餐区域每座最小使用面积

4.6.2.1 基本知识

饮食建筑用餐区域每座最小使用面积要求见表4-102。

表4-102 饮食建筑用餐区域每座最小使用面积要求

分类	餐馆/(m²/座)	快餐店/(m²/座)	饮品店/(m²/座)	食堂/(m²/座)
指标	1.3	1.0	1.5	1.0

4.6.2.2 一点通

快餐店每座最小使用面积可以根据实际需要适当减少。

4.6.3 饮食建筑区域要求数据

4.6.3.1 基本知识

厨房区域与食品库房面积之和与用餐区域面积之比的数据要求见表 4-103。

表 4-103 厨房区域和食品库房面积之和与用餐区域面积之比的数据要求

分类	厨房区域和食品库房面积之和与用餐区域面积之比	建筑规模
食堂	厨房区域和食品库房面积之和不小于 30m²	小型
	厨房区域和食品库房面积之和在 30m² 的基础上，服务 100 人以上，每增加 1 人增加 0.3m²	中型
	厨房区域和食品库房面积之和在 300m² 的基础上，服务 1000 人以上，每增加 1 人增加 0.2m²	大型及特大型
餐馆	≥1：2.0	小型
	≥1：2.2	中型
	≥1：2.5	大型
	≥1：3.0	特大型
快餐店、饮品店	≥1：2.5	小型
	≥1：3.0	中型及中型以上

4.6.3.2 一点通

使用半成品加工的饮食建筑、单纯经营火锅和烧烤的餐馆等，厨房区域与食品库房面积之和与用餐区域面积之比可以根据实际需要来确定。

用餐区域一般不宜低于 2.6m；设集中空调时，室内净高一般不应低于 2.4m。设置夹层的用餐区域，室内净高最低处一般不应低于 2.4m。

用餐区域采光、通风要良好。天然采光时，侧面采光窗洞口面积一般不宜小于该厅地面面积的 1/6。直接自然通风时，通风开口面积一般不应小于该厅地面面积的 1/16。无自然通风的餐厅，一般需要设机械通风排气设施。

厨房区域加工间，天然采光时，其侧面采光窗洞口面积一般不宜小于地面面积的1/6；自然通风时，通风开口面积一般不应小于地面面积的1/10。

厨房有明火的加工区（间）上层有餐厅或其他用房时，其外墙开口上方一般应设置宽度不小于1m、长度不小于开口宽度的防火挑檐；或者在建筑外墙上下层开口间设置高度不小于1.2m的实体墙。

饮食建筑食品库房天然采光时，窗洞面积一般不宜小于地面面积的1/10。饮食建筑食品库房自然通风时，通风开口面积一般不应小于地面面积的1/20。

4.6.4 饮食建筑室内参数要求

4.6.4.1 基本知识

供暖房间室内参考设计温度见表4-104。空调房间室内参考设计参数要求见表4-105。

表4-104 供暖房间室内参考设计温度

名称	室内参考设计温度/℃
干菜、饮料库	8～10
蔬菜库	5
洗消间	16～20
用餐区域	16～22
公共区域	16～20
厨房区域	10～16

表4-105 空调房间室内参考设计参数要求

名称	室内温度/℃		室内风速/(m/s)		室内湿度/%	
	夏季	冬季	夏季	冬季	夏季	冬季
食品、酒水库	按储存要求	≥5	—	—	—	—
用餐区域	24～28	18～24	≤0.3	≤0.2	≤65	≥30
公共区域	26～28	18～22	≤0.3	≤0.2	≤65	≥30

饮食建筑各类房间照度的标准值要求见表 4-106。

表 4-106　饮食建筑各类房间照度的标准值要求

房间名称	参考平面及高度	显色指数 R_a	照度/lx
更衣室	地面	80	150
洗消间	0.75m 水平面	80	200
宴会厅	0.75m 水平面	90	150～500（可调光）
粗加工区（间）	0.75m 水平面	80	200
细加工区（间）	0.75m 水平面	80	300
热加工区（间）	0.75m 水平面	80	300

4.6.4.2　一点通

用餐区域、公共区域的噪声一般不应大于 60dB(A)。

餐馆和饮品店的用餐区域、公共区域的新风量一般不应小于 $25m^3/(h \cdot 人)$。

食堂和快餐店用餐区域、公共区域的新风量一般不应小于 $23m^3/(h \cdot 人)$，并且还需要保证稀释室内污染物所需的新风量。

用餐区域空气调节系统，冬季供热时室内温度一般宜为 18～22℃，夏季供冷时室内温度一般宜为 22～24℃。

室内人员最小人均新风量要求：餐馆、饮品店室内人员密度可以根据 $0.7 人/m^2$ 来考虑；食堂、快餐店室内人员密度可以根据 $1 人/m^2$ 来考虑。

小型饮食建筑的厨房区域和用餐区域，应设置备用照明，其照度一般不应低于 10lx。

一般场所的备用照明启动时间不应大于 1.5s；贵重物品区域、收银台的备用照明应单独设置，并且启动时间不应大于 0.5s。

4.6.5　饮食建筑用餐区域厅内家具尺寸与相关距离

4.6.5.1　基本知识

用餐区域厅内家具参考尺寸见表 4-107。

表4-107　用餐区域厅内家具参考尺寸　　　单位：m

名称	参考尺寸
10人圆桌直径	1.5
12人圆桌直径	1.8
4人方桌	餐馆餐厅：0.85×0.85 快餐店餐厅：0.75×0.75 火锅店、烧烤店餐厅：（0.8～0.9）×1.2
6人条桌	中餐厅或饮品店餐厅：0.8×1.5 西餐厅：0.9×1.6
8人圆桌直径	1.3
西餐厅4人厢座	1.5×1.8
饮品店餐厅4人厢座	1.2×1.6

用餐区域桌间参考距离和厅内道路参考宽度见表4-108。

表4-108　用餐区域桌间参考距离和厅内道路参考宽度

单位：m

类型	项目	参考尺寸
斜向布置	桌角到桌角，仅就餐者通行时的情况	0.9
	桌角到桌角，有服务员通行时的情况	1.3
	桌角到桌角，有小车通行时的情况	1.5
	桌角到墙边，仅就餐者通行时的情况	0.7
	桌角到墙边，有服务员通行时的情况	1.1
	厢座外缘到斜向布置的桌角，仅就餐者通行时的情况	0.9
	厢座外缘到斜向布置的桌角，有服务员通行时的情况	1.3
	厢座外缘到斜向布置的桌角，有小车通行时的情况	1.5
正面布置	桌边到桌边，仅就餐者通行时的情况	1.45
	桌边到桌边，有服务员通行时的情况	1.8
	桌边到桌边，有小车通行时的情况	2.1
	桌边到墙边，仅就餐者通行时的情况	0.9
	桌边到墙边，有服务员通行时的情况	1.35

用餐区域每座使用参考面积见表 4-109。

表 4-109　用餐区域每座使用参考面积

项目	每座使用参考面积/(m²/座)	说明
餐馆的人均使用面积	0.8~1.4	日本的情况
餐厅每座使用面积	0.88~1.16	加拿大的情况
快餐店、食堂的最低使用面积	0.8	日本的情况
目前餐馆、饮品店、饮品厅的每座使用面积	1.1~4	目前国内的情况
目前快餐店、食堂的常见使用面积	1	目前国内的情况
目前设置音乐茶座或其他功能的饮品店类的酒吧、茶馆、咖啡厅	1.5~1.7	目前国内的情况
目前自助餐厅的每座最小使用面积	1.3	目前国内的情况

4.6.5.2　一点通

用餐区域每座最小使用面积要求，可以根据常用餐厅内的桌椅尺寸、桌椅间距、桌椅布局方式、厅内各种通道空间宽度等要素，做出各种不同规模、不同使用要求、不同布置形式的餐厅方案，然后从中选择较低指标来确定即可。

各种规模的用餐区域每座使用面积参考数值在 0.8~4m²/座间。不同年代的餐馆、饮品店、设置包间的餐馆具体数值有差异。

火锅店、烧烤店端送或手推车运送量大，走道宽度可以为 1m 以上。桌面上由于火锅、烧烤炉占用较大面积，因此四人桌规格为 (0.8~0.9m)×1.2m。

自助餐厅中顾客需要经常起身走动盛取食物，因此餐桌与餐桌、餐桌与餐台间需要有足够宽的通道。餐厅的其他设施所占空间大约为 0.1m²/座。

饮品店类的酒吧、茶馆、咖啡厅等，需要考虑室内环境优雅、桌椅布置舒适。

快餐店、食堂用餐一般讲究效率，因此，其座位布置应较为紧凑，并且快餐取餐、食堂排队的前部空间大约占 0.11m²/座。

餐厨面积比例中的厨房面积，需要满足当地现行的规范要求。一些地方的餐厨比有 1 : 0.5、1 : 1、1 : 0.67 等不同的要求。

如果饮食用餐区域布置紧凑，则指标会略小；如果饮食用餐区域布置宽松，则指标会略大。具体应用时，根据实际需要适当调整。另外，需要注意随着经济发展、社会进步和生活水平的提高，就餐者对就餐环境的要求也会提高。

4.6.6 饮食建筑用餐区域与公共区域的室内净高、采光与通风要求

4.6.6.1 基本知识

用餐区域与公共区域的室内净高要求见表 4-110。用餐区域与公共区域的采光与通风要求见表 4-111。

表 4-110　用餐区域与公共区域的室内净高要求　单位：m

项目	参考数据
大餐厅、宴会厅等面积较大的用餐区域与公共区域的一般室内净高	3~5
设有集中空调的用餐区域与公共区域的一般室内净高	≥2.4
设有员工用餐区域的大型及以上饮食建筑的一般室内净高	≥2.4
设置夹层作为用餐空间的一般室内净高	最低处≥2.4
用餐区域一般室内净高的最小值	最低处≥2.6

表 4-111　用餐区域与公共区域的采光与通风要求

项目	参考数据
采光等级	Ⅳ级
采光系数标准值/%	2
采用Ⅲ类光气候区采光等级Ⅳ级的窗地面积比值	1/6
自然通风时，通风开口面积不应小于该厅地面面积的比值	1/16

其他各类光气候区的窗地面积比需要乘以相应的光气候系数，各类光气候区的光气候系数值见表 4-112。

表 4-112 光气候系数值

光气候区	I	II	III	IV	V
光气候系数	0.85	0.9	1	1.1	1.2

4.6.6.2 一点通

附设在其他建筑中的饮食建筑、改造的饮食建筑、变换经营形式的饮食建筑、受已有建筑条件限制的饮食建筑、夹层作为用餐空间的饮食建筑等，需要根据实际情况来调整指标，并且符合有关规定。

4.6.7 饮食建筑厨房区域的相关数据尺寸

4.6.7.1 基本知识

厨房区域相关数据尺寸见表 4-113。

表 4-113 厨房区域相关数据、尺寸

项目		数据尺寸
厨房的室内净高/m		≥2.5
厨房与饮食制作间内工作道路的最小净宽/m	单边操作无人通行时	0.7
	热加工间灶台边到后面置放台边净距	0.7
	双边操作，无人通行时	1.2
	双边操作，有人通行时	1.5
	有人通行时，即一人操作一人通行的空间	1.2
天然采光、自然通风的加工间、侧面采光窗洞口面积不应小于地面面积的比例	1/6	
通风开口面积不应小于地面面积的比例	1/10	
外墙上层、下层开口间设置实体墙（防火措施）的高度要求/m	≥1.2	

4.6.7.2　一点通

厨房与饮食制作间内工作道路的最小净宽，可以通过实地调研，并结合人体工学计算得出数据。

由于现代厨房设备不断更新，先进的烹饪设备经常替代原有的产品，因此，厨房的设计与布局会更充分考虑立体空间的利用、先进设备合理安放、员工的有效传递效率、烹饪本身的流程特点等，同时厨房操作间工作道路的最小净宽需要根据实际进行调整。

4.6.8　饮食建筑餐厅家具常见数据尺寸

4.6.8.1　基本知识

餐厅家具常见数据尺寸见表 4-114。

表 4-114　餐厅家具常见数据尺寸　　　　单位：mm

项目		数据尺寸
餐椅高		450～500
餐桌高		750～790
餐桌转盘直径		700～800
方餐桌尺寸	八人桌（长×宽）	2250×850
	二人桌（长×宽）	700×850
	四人桌（长×宽）	1350×850
酒吧凳高度		600～750
酒吧台	高度	900～1050
	宽度	500
圆桌直径	二人桌	500
	四人桌	900
	五人桌	1100
	六人桌	1100～1250
	八人桌	1300
	十人桌	1500
	十二人桌	1800

4.6.8.2 一点通

餐桌间距一般应大于 500mm，主通道宽度应为 1200～1300mm。内部工作道宽度应为 600～900mm。

酒柜吧台一体台面可以选择天然石台面、防火板台面、不锈钢台面等类型。但要注意，天然石台面的宽度最好不超过 1m，主要是考虑到天然石材的硬度。防火板也称为 MDF，其厚度一般为 4mm 左右。

室内设置的吧台，需要将吧台看作完整空间的一部分，而不单单是一件家具。

酒柜没有固定的尺寸，实际中主要根据房间大小来确定。酒柜的高度，一般不超过 1.8m；酒柜的深度，一般为 300～350mm。一般的尺寸，主要是满足平时使用；特殊情况，或者特殊空间，则需要根据实际情况来确定酒柜的尺寸。

4.6.9 饭店客房常见的数据尺寸

饭店客房常见的数据尺寸见表 4-115。

表 4-115 饭店客房常见的数据尺寸

项目	数据尺寸
大客房标准面积/m²	25
中客房标准面积/m²	16～18
小客房标准面积/m²	16
床靠高/mm	850～950
床高/mm	400～450
床头柜高/mm	500～700
床头柜宽/mm	500～800
沙发高/mm	350～400
沙发靠背高/mm	1000
沙发宽/mm	600～800

项目	数据尺寸
写字台长/mm	1100~1500
写字台高/mm	700~750
写字台宽/mm	450~600
行李台长/mm	910~1070
行李台高/mm	400
行李台宽/mm	500
衣柜高/mm	1600~2000
衣柜宽/mm	800~1200
衣柜深/mm	500
衣架高/mm	1700~1900

4.6.10　饭馆(餐厅)卫生与环境要求

4.6.10.1　基本知识

有空调装置的饭馆(餐厅)卫生与环境要求见表4-116。

表4-116　有空调装置的饭馆(餐厅)卫生与环境要求

项目	标准值
二氧化碳/%	≤0.15
风速/(m/s)	≤0.15
甲醛/(mg/m^3)	≤0.12
可吸入颗粒物/(mg/m^3)	≤0.15
空气细菌数——沉降法/(个/皿)	≤40
空气细菌数——撞击法/(cfu/m^3)	≤4000
温度/℃	18~28
相对湿度/%	40~80

项目	标准值
新风量/ [$m^3/(h \cdot 人)$]	$\geqslant 20$
一氧化碳/ (mg/m^3)	$\leqslant 10$
照度/lx	$\geqslant 50$

4.6.10.2 一点通

餐厅每个座椅的平均占地面积不得低于 $1.85m^2$。各类空调饭馆（餐厅）内必须设洗手间。餐厅内部的装饰材料不得对人体产生危害。另外，餐厅需要有防虫、防蝇、防蟑螂、防鼠害等措施。

4.7 游泳场所

4.7.1 游泳场所规模分类依据

游泳场所规模分类依据数据见表4-117。

表 4-117 游泳场所规模分类依据数据 单位：座

分类	观众容量
特大型	>6000
大型	$3000 \sim 6000$
中型	$1500 \sim 3000$
小型	<1500

4.7.2 游泳比赛池规格

游泳比赛池规格见表4-118。

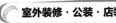

表 4-118 游泳比赛池规格 单位：m

等级	池岸宽			比赛池规格（长×宽×深）	
	池侧	池端	两池间	游泳池	跳水池
乙级	5	5	≥8	50×21×2	16×21×5.25
丙级	2	3	—	50×21×1.3	—
特级、甲级	8	5	≥10	50×25×2	21×25×5.25

4.7.3 游泳场所卫生与环境要求

4.7.3.1 基本知识

人工与天然游泳场所卫生与环境要求见表 4-119～表 4-121。

表 4-119 人工游泳池水质卫生标准值

项目	标准值
pH 值	6.8～8.5
池水温度/℃	22～26
大肠菌群/(个/L)	≤18
浑浊度/度	≤5
尿素/(mg/L)	≤3.5
细菌总数/(个/mL)	≤1000
游离性余氯/(mg/L)	0.3～0.5

表 4-120 天然游泳场水质卫生标准值

项目	标准值
pH 值	6.0～9.0
透明度/cm	≥30
漂浮物质	无油膜及无漂浮物

表 4-121 游泳馆空气卫生标准值

项目	标准值
冬季室温/℃	高于水温度 1～2
相对湿度/%	≤80
风速/(m/s)	≤0.5
二氧化碳/%	≤0.15
空气细菌数——撞击法/(cfu/m³)	≤4000
空气细菌数——沉降法/(个/皿)	≤40

4.7.3.2 一点通

新建游泳场所需要结合城市远景规划，场址需要选择在远离工业污染源的地带，同时需要避免游泳场对周围产生干扰。

严禁在有血吸虫和钉螺的地方开辟游泳场所。

室内游泳池采光系数应不低于 1/4，水面照度应不低于 80lx。

游泳场所需要分设男女更衣室、淋浴室、厕所等。淋浴室每 30～40 人设一个淋浴喷头。女厕所每 40 人设一个便池，男厕所每 60 人设一个大便池与两个小便池。

天然游泳场的水底不应有树枝、树桩、礁石等障碍物。水流速度一般不大于 0.5m/s。

通往游泳池的走道中间需要设强制通过式浸脚消毒池，其中池长不小于 2m，深度一般为 20cm，宽度需要与走道相同。

4.8 园林景观和庭院

4.8.1 园林景观中车道的相关数据

园林景观中车道的相关数据见表 4-122。

表 4-122　园林景观中车道的相关数据

项目		有关数据
道路宽度/m	单车道面宽	3.5~4
	居住区级道路红线宽度	≥20
	双车道面宽	6~9
	小区级道路建筑控制线间的宽度（无供热管线）	≥10
	小区级道路建筑控制线间的宽度（需敷设供热管线）	≥14
	小区级道路路面宽	6~9
	宅间小路路面宽	≥2.5
	组团路建筑控制线间的宽度（无供热管线）	≥8
	组团路建筑控制线间的宽度（需敷设供热管线）	≥10
	组团路路面宽	3~5
机动车最小转弯半径/m	车长 10m 以上的铰接车、大型货车、大型客车等大型车	12
	车长 6~9m 的一般二轴载重汽车、中型车	9
	车长不超过 5m 的三轮车、小型车	6
居住区道路纵坡控制坡度/%	步行道	最小纵坡≥0.2； 最大纵坡≤8.0； 多雪严寒地区最大纵坡≤4.0 （坡长≤100m）
	非机动车道	最小纵坡≥0.2； 最大纵坡≤3.0（坡长≤50m）； 多雪严寒地区最大纵坡≤2.0 （坡长≤100m）
	机动车道	最小纵坡≥0.2； 最大纵坡≤8.0（坡长≤200m）； 多雪严寒地区最大纵坡≤5.0 （坡长≤600m）

4.8.2　树木植物相关数据

树木与地下管线的最小水平距离见表 4-123。树木与地面建筑物、构筑物外缘的最小水平距离见表 4-124。

表 4-123　树木与地下管线的最小水平距离　　单位：m

管线	新植乔木	灌木或绿篱外缘	现状乔木
电力电缆	1.5	0.5	3.5
给水管	1.5	—	2
排水暗沟	1.5	—	3
排水管	1.5	—	3
燃气管道（低中压）	1.2	1	3
热力管	2	2	5
通信电缆	1.5	0.5	3.5
消防龙头	1.2	1.2	2

注：水平距离是指乔木地径外缘、灌木分枝外缘距管道外缘的净距离。

表 4-124　树木与地面建筑物、构筑物外缘的最小水平距离

单位：m

名称	新植乔木	灌木或绿篱外缘	现状乔木
测量水准点	2	1	2
挡土墙	1	0.5	3
地上杆柱	2	—	2
楼房	5	1.5	5
排水明沟	1	0.5	1
平房	2	—	5
围墙（高度不大于 2m）	1	0.75	2

4.8.3 园林景观中其他相关数据

4.8.3.1 基本知识

园林景观中其他相关数据见表 4-125。

表 4-125 园林景观中其他相关数据

名称	参考数据
步行适宜距离（长度）/m	500
车挡高度/m	0.7
车挡间距/m	0.6
负重行走距离（长度）/m	300
枝形的观赏距离/m	<30
尽端回车场/m	>12×12
尽端式道路的长度/m	<120
居住区道路宽度/m	>20
居住区道路最大纵坡/%	<8
可坐踏步高度/m	0.2~0.35
可坐踏步宽度/m	0.4~0.6
连续踏步数级要求/级	≤18
连续踏步休息平台宽度/m	≥1.2
楼梯踏步（室内）高度/m	<0.15
楼梯踏步（室内）宽度/m	>0.26
楼梯踏步（室外）高度/m	0.12~0.16
楼梯踏步（室外）宽度/m	0.3~0.35
路缘石高度/m	0.1~0.15
轮椅坡道坡度/%	<8.5
坡道平台最小净深/m	2
坡道纵坡坡度/%	≤2.5
坡道最小净宽/m	1.5
人行道纵坡坡度/%	<2.5

续表

名称	参考数据
赏花距离/m	9
室外残障人使用轮椅扶手高度/m	0.68～0.85
室外单人椅长度/m	约0.6
室外靠背倾角/(°)	100～110
室外三人椅长度/m	约1.8
室外双人椅长度/m	约1.2
室外座椅（具）扶手高度（室外踏步级数超过3级时）	0.90
室外座椅（具）高度/m	0.38～0.4
室外座椅（具）宽度/m	0.4～0.45
水算格栅宽度/m	0.25～0.3
踏步常用高度/m	0.12～0.15
踏步常用宽度/m	0.3～0.35
台阶中间休息平台宽度/m	＜1.2
谈话距离/m	＞0.7
小区道路宽度/m	6～9
心理安全距离/m	3
园路、人行道、坡道宽/m	1.2
园路轮椅交错宽度/m	≥1.8
园路轮椅通过宽度/m	≥1.5
园路纵坡/%	＜4
栅栏竖杆的间距/m	＜1.1
宅间小路宽度/m	＞2.5
正常目视距离（长度）/m	100
自行车专用道路最大纵坡/%	＜5
组团路宽度/m	3～5

4.8.3.2　一点通

近景可以作为框景、导景、广场景深层次。近景常见的组织距离为20～25m时，可看到人的面部表情；距离为6m左右时，可以看清花瓣。

中景可以作为主景，看清建筑全貌。中景常见的组织距离为70～100m。

远景可以作为背景，起衬托作用。远景常见组织距离为150～200m。

园林景观中的文化性广场相关尺度，需要根据视觉要求、共享功能、规划人数、心理特征、空间大小等因素来考虑。

园林景观中台阶长度超过3m或需要改变攀登方向的地方，需要在中间设置休息平台。

4.8.4　庭院常规数据尺寸

4.8.4.1　基本知识

庭院常规数据尺寸见表4-126。

表 4-126　庭院常规数据尺寸

项目	数据尺寸
草坪灯高度（一般园林）/m	0.6～1
大车停车位长度/m	7～10（具体因车型不同而异）
大车停车位宽度/m	4
大乔木树高度/m	≥20
大乔木树冠尺寸/m	5～6
大石块厚度/mm	100～150
道路车挡隔断高度/m	0.7
道路车挡隔断间距/m	0.6
道路可坐踏步高度/m	0.20～0.35
道路可坐踏步宽度/m	0.40～0.60
道路楼梯踏步高度/m	0.12～0.175
道路楼梯踏步宽度/m	0.30～0.35
低栏杆高度/m	0.2～0.3
高栏杆高度/m	1.1～1.3

续表

项目		数据尺寸
孤植树树冠尺寸/m		7～8
广场砖常用尺寸/mm		100×100、200×200 等，厚度一般为 100、80、75、60、50、45、40、定做尺寸等
花池边宽常用尺寸/mm		120 等
花池压顶宽常用尺寸/mm		240、300 等
花岗岩常用尺寸/mm		100×100、150×150、300×300、450×450、600×600、800×800、300×600、300×800、600×800 等，厚度一般为 40、50、60、定做尺寸等
花灌木高/m		＜5
花灌木冠幅/m		1～2
混凝土砖常用尺寸	机砖/mm	400×400×75、400×400×100 等
	小方砖/mm	250×250×250 等
景墙常用厚度/mm		120、240、300 等
休闲廊架	高度/m	2.2～2.5
	宽度/m	1.8～2.5
路沿石	厚度/mm	100、120 等
	高度/m	0.1～0.15
绿篱宽/m		0.5～1
轮椅通过道路的宽度/m		≥1.50
地面底坡度（宜缓）		1/5～1/3
棚架	长度/m	5～10
	高度/m	2.2～2.5
	宽度/m	2.5～4
	立柱间距/m	2.4～2.7
墙柱间距/m		3～6
青石板常用尺寸/mm		300×600×（10～15）、300×600×（18～25）、300×600×（25～30）、200×400×（10～15）、300×300×（10～15）、定制尺寸等

项目		数据尺寸
青砖大方砖——机砖/mm		240×115×53、500×500×100 等
人行道纵坡坡度/%		2.5
树池边宽度常用尺寸/mm		240、120 等
树池压顶宽度常用尺寸/mm		300、480 等
树池铸铁盖板规格（边长×边长）/m		1.2×1.2、1.5×1.5
水算格栅宽度/m		0.25~0.3
台阶中间休息平台宽度/m		<1.20
亭高度/m		2.4~3
亭宽度/m		2.4~3.6
亭立柱间距/m		约3
庭院设施	单人椅长度/m	约0.6
	庭院灯（一般园林）/m	2.8~5
	坐椅靠背倾角/（°）	100~110
	三人椅长度/m	约1.8
	室外座椅（具）高度/m	0.38~0.40
	室外座椅（具）宽度/m	0.40~0.45
	双人椅长度/m	约1.2
透水砖、烧结砖常用尺寸（长度×宽度×厚度）/mm		230×115×40、200×100×40、240×120×40、300×300×40、200×100×60、200×100×80、238×115×53、定制尺寸等
小车停车位长度/m		5~6
小车停车位宽度/m		2.2~3（具体视车型不同）
小乔木树高/m		5~10
小乔木树冠尺寸/m		3~5
小石块厚度/mm		200
一般近岸处水深（宜浅）/m		0.4~0.6
园林小径宽度	单人/m	0.6~1
	双人/m	1.2~1.5

续表

项目	数据尺寸
园路、人行道、坡道宽度/m	1.2
中栏杆高度/m	0.8～0.9
主要道路（车行道）/m	7～8
柱廊横列间距/m	6～8
柱廊纵列间距/m	4～6

4.8.4.2　一点通

庭院台阶长度超过 3m 和需改变攀登方向的地方，一般需要在中间设置休息平台。选择的石板角块一般不宜小于 200～300mm，厚度不宜小于 50mm。

4.9　公共厕所

4.9.1　公共厕所尺寸与数量要求

4.9.1.1　基本知识

公共厕所相关数据尺寸和指标要求见表 4-127。

表 4-127　公共厕所相关数据尺寸和指标要求

项目	相关数据尺寸和指标要求
厕内单排厕位外开门走道宽度/m	≥1，宜为 1.3
厕所厕位隔间、厕所间内，人体的出入、转身提供必需的无障碍圆形空间的直径/mm	450
厕位间隔板及门的下沿与地面的距离/m	宜>0.1，最大距离≥0.15
单层公共厕所窗台距室内地坪的最小高度/m	1.8
独立式厕所的建筑通风、采光面积之和与地面面积比	≥1∶8
独立式公共厕所室内地坪标高需要高于室外地坪的数值/m	0.15

项目		相关数据尺寸和指标要求
独立式公共厕所的室内净高/m		≥3.5（设天窗时，可以适当降低）
独立小便器站位的隔断板高度/m		0.8
蹲台台面要高于蹲便器的侧边缘，并且坡向便器，其坡度数值/(°)		0.01～0.015
二类独立式公共厕所管理间面积/m²		4～6
二类独立式公共厕所平均每厕位建筑面积指标要求/m²		3～4.9
公共厕所	通道的宽度/mm	≥600
	小便器冲水系统的每次用水量/L	≤1.5
	应设置的工具间面积/m²	1～2
	坐便器、蹲便器冲水系统的每次用水量/L	≤4
火车站、机场、购物中心厕位隔间内提供的行李放置区大小/mm		900×350
人流集中的场所，女厕位与男厕位（含小便站位）的比例要求		≥2∶1
三类独立式公共厕所	管理间面积/m²	<4
	平均每厕位建筑面积指标要求/m²	2～2.9
三类公厕厕位间隔板及门的上沿距地面的高度/m		≥1.5
双层公共厕所上层窗台距楼地面的最小高度/m		1.5
双排厕位外开门走道宽度/m		1.5～2.1
一、二、三类公共厕所独立小便器间距/m		0.7～0.8
一、二类公厕厕位间隔板及门的上沿距地面的高度/m		≥1.8
一类独立式公共厕所	管理间面积/m²	>6
	平均每厕位建筑面积指标要求/m²	5～7
组合式洗手盆相邻洁具间的距离/mm		≥65
坐便器便盆一般安置在靠近门安装合页的一边，便盆轴线与较近的墙的距离/mm		≥400

公共厕所男女厕位（坐位、蹲位、站位）与其数量的要求见表 4-128。

表 4-128 公共厕所男女厕位（坐位、蹲位、站位）与其数量的要求

单位：个

女厕位及数量			男厕位及数量			
女厕位总数	坐位	蹲位	男厕位总数	坐位	蹲位	站位
1	0	1	1	0	1	0
2	1	1	2	0	1	1
3～6	1	2～5	3	1	1	1
7～10	2	5～8	4	1	1	2
			5～10	1	2～4	2～5
11～20	3	8～17	11～20	2	4～9	5～9
21～30	4	17～26	21～30	3	9～13	9～14

4.9.1.2 一点通

当男、女厕所厕位分别超过 20 个时，需要设双出入口。另外，每个大便器一般应有一个独立的厕位间。

4.9.2 公共厕所卫生设施的设置

4.9.2.1 基本知识

公共厕所厕位服务人数要求见表 4-129。

表 4-129 公共厕所厕位服务人数要求

公共场所	服务人数/[人/（厕位·d）]	
	女	男
体育场外	100	150
海滨活动场所	40	60
广场、街道	350	500
车站、码头	100	150
公园	130	200

商场、超市、商业街公共厕所厕位数要求见表 4-130。

表 4-130　商场、超市、商业街公共厕所厕位数要求

购物面积/m²	女厕位/个	男厕位/个
500 以下	2	1
501～1000	4	2
1001～2000	6	3
2001～4000	10	5
≥4000	每增加 2000m²，男厕位增加 2 个，女厕位增加 4 个	

注：1.根据男女如厕人数相当时考虑。
2.商业街应根据各商店的面积合并计算后，再根据上表比例进行配置。

饭馆、咖啡店、小吃店、快餐店等餐饮场所公共厕所厕位数要求见表 4-131。

表 4-131　饭馆、咖啡店、小吃店、快餐店等餐饮场所公共厕所厕位数要求

设施	厕位数
男厕位	50 座以下至少设 1 个厕位 100 座以下设 2 个厕位 超过 100 座，每增加 100 座增设 1 个厕位
女厕位	50 座以下设 2 个厕位 100 座以下设 3 个厕位 超过 100 座，每增加 65 座增设 1 个厕位

注：根据男女如厕人数相当时考虑。

体育场馆、展览馆、影剧院、音乐厅等公共文体娱乐场所的公共厕所厕位数要求见表 4-132。

表 4-132　体育场馆、展览馆、影剧院、音乐厅等公共文体娱乐场所的
公共厕所厕位数要求

设施	女	设施	男
坐位、蹲位	不超过 40 座的设 1 个坐位、蹲位 41～70 座设 3 个坐位、蹲位 71～100 座设 4 个坐位、蹲位 每增加 1～40 座增设 1 个坐位、蹲位	坐位、蹲位	250 座以下设 1 个坐位、蹲位 每增加 1～500 座增设 1 个坐位、蹲位
站位	无	站位	100 座以下设 2 个站位 每增加 1～80 座增设 1 个站位

注：1.如果附有其他服务设施内容（如餐饮等），需要根据相应内容增加配置。
2.有人员聚集场所的广场内，需要增建馆外人员使用的附属或独立厕所。

机场、火车站、公共汽（电）车、长途汽车始末站、地下铁道的车站、城市轻轨车站、交通枢纽站、高速路休息区、综合性服务楼、服务性单位公共厕所厕位数要求见表 4-133。

表 4-133　服务性单位等公共厕所厕位数要求

设施	女/（人/h）	设施	男/（人/h）
厕位	100 人以下设 4 个厕位 每增加 30 人增设 1 个厕位	厕位	100 人以下设 2 个厕位 每增加 60 人增设 1 个厕位

厕所洗手盆需要根据厕位数来设置，洗手盆数量的设置要求见表 4-134。

表 4-134　洗手盆数量设置要求

厕位数/个	洗手盆数/个	厕位数/个	洗手盆数
4 以下	1	9～21	每增加 4 个厕位增设 1 个洗手盆
5～8	2	22 以上	每增加 5 个厕位增设 1 个洗手盆

注：1. 男女厕所宜分别计算，分别设置。

2. 当女厕所洗手盆数 $n \geqslant 5$ 时，实际设置数 N 按 $N = 0.8n$ 计算。

4.9.2.2　一点通

公共厕所的男女厕所间需要至少各设一个无障碍厕位。

洗手盆为 1 个时，可以不设儿童洗手盆。公共厕所一般需要至少设置一个清洁池。

4.9.3　厕所间平面净尺寸要求

厕所间平面净尺寸要求见表 4-135。

表 4-135　厕所间平面净尺寸要求　　　　单位：mm

洁具数量	宽度	进深	备用尺寸
一件洁具	900、120	1200、1500、1800	$100n$ （$n \geqslant 9$）
两件洁具	1200、1500、1800	1500、1800、2100、2400	
三件洁具	1200、1500、1800、2100	1500、1800、2100、2400、2700	

注：n 表示两洁具间的距离数值。

4.9.4　公共厕所卫生洁具的要求与布置

4.9.4.1　基本知识

常用卫生洁具平面尺寸与其使用空间要求见表 4-136。

表 4-136　常用卫生洁具平面尺寸与其使用空间要求

单位：mm

洁具	平面尺寸	使用空间（宽×进深）
洗手盆	500×400	800×600
蹲便器	800×500	800×600
碗形小便器	400×400	700×500
烘手器	400×300	650×600
坐便器（低位、整体水箱）	700×500	800×600
卫生间便盆（靠墙式或悬挂式）	600×400	800×600
水槽（桶/清洁工用）	500×400	800×800

注：使用空间是指除了洁具占用的空间，使用者在使用时所需的空间及日常清洁和维护所需的空间。使用空间与洁具尺寸是相互联系的。洁具的尺寸将决定使用空间的位置。

4.9.4.2　图例

公共厕所坐便器、蹲便器、小便器、烘手器、洗手盆所需要的人体使用空间最小尺寸的要求如图 4-15 所示。

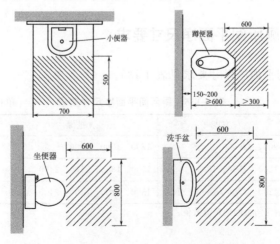

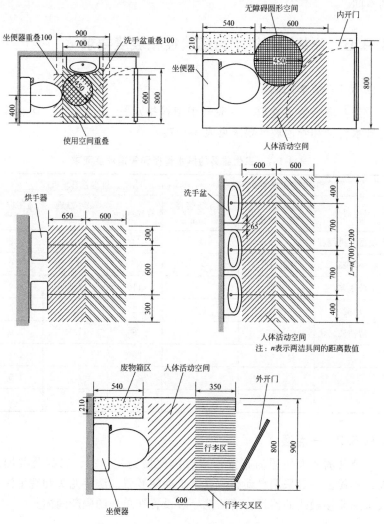

图 4-15 公共厕所卫生洁具的布置要求

4.9.4.3 一点通

有坐便器的厕所间内设置洗手洁具时，厕所间的尺寸一般由洁具的安装、门的宽度和开启方向来决定。

通道空间一般是指进入某一洁具而不影响其他人使用洁具所需要

的空间。

4.9.5　公共厕所排水管道管径和坡度要求

4.9.5.1　基本知识

公共厕所排水管道，一般采用塑料排水管（UPVC）。卫生器具的排水管径和管道坡度要求见表 4-137。

表 4-137　卫生器具的排水管径和管道坡度要求

卫生器具的排水管径			排水管管道坡度		
卫生器具	排水管支干管径/mm	排水管管径/mm	管径/mm	最小坡度/%	通用坡度/%
坐便器、蹲便器	≥160	110	50	2.5	3.5
小便器	≥110	≥50	75	2.5	3.0
洗手盆	≥75	50	110	2.5	3.0
地漏	≥75	≥75	125	2.0	2.5
清洁池	≥75	50	160	1.5	2.0
			200	1.5	1.7
			250	1.0	1.5
			315	0.5	1.0

4.9.5.2　一点通

公共厕所大便器的布置一般以蹲便器为主。一、二类公共厕所大、小便池一般采用自动感应或人工冲便装置。洗手龙头和洗手液一般采用非接触式的器具。清洁池一般设置在单独的隔断间内。

4.9.6　固定式公共厕所

4.9.6.1　基本知识

固定式公共厕所类别与要求数据见表 4-138。各型号化粪池容积要求见表 4-139。

表 4-138 固定式公共厕所类别与要求数据

项目 \ 类别	三类	二类	一类
管理间/m²	<4（视条件需要设置）	4～6（附属式不要求）	>6（附属式不要求）
工具间/m²	1～2（视条件需要设置）	1～2	2
厕位面积指标 /（m²/位）	2～2.9	3～4.9	5～7
大便厕位/m	宽度：0.85～0.90 深度：内开门 1.40， 外开门 1.20	宽度：0.90～1.00 深度：内开门 1.40， 外开门 1.20	宽度：1.00～1.20 深度：内开门 1.50， 外开门 1.30
大便厕位隔断板 及门距地面高度 /m	1.50	1.80	1.80
小便站位隔板 （宽×高）/m	视需要定	0.4×0.8	0.4×0.8

表 4-139 各型号化粪池容积要求

化粪池型号	实际使用人数/人	有效容积/m³	化粪池型号	实际使用人数/人	有效容积/m³
1	120	3.75	5	600～800	30.0
2	120～200	6.25	6	800～1100	40.0
3	200～400	12.50	7	1100～1400	50.0
4	400～600	20.0			

注：表中的实际人数是根据每人每日污水量 25L、污泥量 0.4L、污水停留时间 12h、清掏周期 120d 计算的。与上述基本参数不同的，则需要根据比例相应进行调整。

4.9.6.2 一点通

三类公共厕所小便槽可以不设站台，室内地面坡度需要坡向小便槽。化粪池、储粪池距离地下取水构筑物不得小于 30m。池壁距建筑物外墙一般不宜小于 5m，并且不得影响建筑物基础。

4.9.7 活动式公共厕所

4.9.7.1 基本知识

活动式公共厕所的相关数据见表 4-140。

表 4-140　活动式公共厕所相关数据

项目	相关数据
厕间采光窗材料的透光率/%	≥50
厕间采光窗的有效面积/m²	≥0.2
厕间内通风换气频率/(次/h)	≥5
根据使用需要，设置工具间的面积要求/m²	1~2
根据使用需要，设置管理间的面积要求/m²	≥4
管理间窗户面积需要满足的采光系数	(8:1)~(10:1)
活动厕所　粪箱应设置便于抽吸粪便的抽粪口，其孔径要求/mm	≥160
粪箱应设置排粪口，其孔径要求/mm	≥100
粪箱应设置排气管，其管径要求/mm	≥75
一个厕间的粪箱有效容积要求/m³	≥0.4
一个厕间水箱的有效容积要求/m³	≤0.3
运载时箱体加车辆底盘的总高度/m	≤4
活动式公共厕所　厕间内部净高/m	≥2.1
厕间内部平面最小净尺寸/m	≥1×1.3
卫生器具挂钩的承重要求/kg	≥5

4.9.7.2　一点通

厕间、管理间内均需要设置具有节能功能的照明灯具。厕间需要设置拖布池。

4.10　公共浴室和娱乐场所

4.10.1　公共浴室卫生与环境要求

4.10.1.1　基本知识

公共浴室卫生与环境要求见表 4-141。

表 4-141 公共浴室卫生与环境要求

项目	更衣室	浴室（淋浴、池浴、盆浴）	桑拿浴室
二氧化碳/%	≤0.15	≤0.1	—
室温/℃	25	30～50	60～80
水温/℃	—	40～50	
一氧化碳/(mg/m³)	≤10	—	—
浴池水浊度/度	—	≤30	
照度/lx	≥50	≥30	≥30

4.10.1.2 一点通

浴室需要设气窗，保持良好通风，气窗面积一般为地面面积的5%。浴室地面坡度一般不小于2%，屋顶需要有一定的弧度。

4.10.2 文化娱乐场所卫生与环境要求

4.10.2.1 基本知识

影剧院、录像厅（室）、音乐厅、游艺厅、舞厅、茶座、酒吧、咖啡厅、多功能文化娱乐场所的卫生与环境要求见表 4-142。

表 4-142 文化娱乐场所卫生与环境要求

项目	影剧院、音乐厅、录像厅（室）	游艺厅、舞厅	酒吧、茶座、咖啡厅
动态噪声/dB（A）	≤85	≤85（迪斯科舞厅≤95）	≤85
二氧化碳/%	≤0.15	≤0.15	≤0.15
风速，有空调装置/(m/s)	≤0.3	≤0.3	≤0.3
甲醛/(mg/m³)	≤0.12	≤0.12	≤0.12
可吸入颗粒物/(mg/m³)	≤0.2	≤0.2	≤0.2
空气细菌总数——沉降法/(个/皿)	≤40	≤40	≤30
空气细菌总数——撞击法/(cfu/m³)	≤4000	≤4000	≤2500
温度(有空调装置)/℃ 冬季		>18	>18
温度(有空调装置)/℃ 夏季		≤28	≤28

续表

项目	影剧院、音乐厅、录像厅（室）	游艺厅、舞厅	酒吧、茶座、咖啡厅
相对湿度（有中央空调装置）/%	40~65	40~65	40~65
新风量/［m³/(h·人)］	≥20	≥30	≥10
一氧化碳/(mg/m³)	—	—	≤10

4.10.2.2　一点通

文化娱乐场所需要设有消毒间。文化娱乐场所一般应远离工业污染源。舞厅在营业时间内严禁使用杀菌波长的紫外线灯与滑石粉。

观众厅吊顶不得使用含有玻璃纤维的建筑材料。娱乐场所需要设有消音装置。

4.10.3　文化娱乐场所其他相关数据尺寸

4.10.3.1　基本知识

文化娱乐场所其他相关数据尺寸见表4-143。

表 4-143　文化娱乐场所其他相关数据尺寸

项目		数据尺寸
电影院第一排座位到银幕的距离		一般大于普通银幕的 1.5 倍，大于宽银幕的 0.75 倍
电影院第一排座位到银幕的距离（胶片 70mm 立体影院）		为幕宽的 0.6 倍
剧场舞台高度/m		0.8~1.1
视角要求	普通银幕边缘和对侧第 1 排座位边缘的连线与银幕间的夹角/(°)	>45
	宽银幕边缘和后排中心点连线与银幕至对侧第一排的夹角/(°)	≤45
视距要求	采用投影的视距	约为屏幕宽的 1.5 倍
	放映录像电视的最近视距	约为显示屏对角线长度的 4 倍
舞池内平均每人占有面积要求/m²		≥0.8
舞厅平均每人占有面积要求/m²		≥1.5
音乐茶座、卡拉 OK、酒吧、咖啡室平均每人占有面积要求/m²		≥1.25

续表

项目		数据尺寸
影剧院观众厅	长度（胶片 70mm 立体影院）	小于幕宽的 1.5 倍
	长度（宽银幕）	小于幕宽的 3 倍
	长度（普通银幕）	小于幕宽的 6 倍
	楼上观众厅座位排距/cm	＞85
	座位长排法排距/cm	＞90
	座位短排法排距/cm	＞80
	座位高度/cm	43～47
	座位座宽/cm	＞50
照度要求	电影放映前的观众厅/lx	10
	电影院、音乐厅、录像室的前厅/lx	40
	剧场前厅/lx	60

4.10.3.2 一点通

　　文化娱乐场所在同一平面需要设有男女厕所。大便池男厕 150 人设一个，女厕 50 人设一个（男女蹲位比大约为 1：3）。小便池每 40 人设一个，每 200 人设一个洗手池。

　　厕所需要有单独的排风设备，门净宽一般不少于 1.4m，采用双向门。

　　座位在 800 个以上的影剧院、音乐厅均需要有机械通风。其他文化娱乐场所需要有机械通风装置。

4.10.4 KTV 包房的面积大小

4.10.4.1 基本知识

　　KTV 包房的常见面积见表 4-144。

表 4-144　KTV 包房的常见面积　　　　单位：m²

类型	KTV 包房的常见设计面积	类型	KTV 包房的常见设计面积
小包房	8～11	大包房	24～30
中包房	15～18	特大包房	≥55

4.10.4.2　一点通

有的 KTV 功能间有消控室、备用间、包厢、水景区、音控室、超市、洗涮区、钢琴演艺区、咖啡区、VIP 包厢、男厕、女厕、舞池、洗手区、服务台、麻将娱乐区等。

4.10.5　美食娱乐城有关电器、开关、插座的参考数据尺寸

美食娱乐城有关电器、开关、插座的参考数据尺寸见表 4-145。

表 4-145　美食娱乐城有关电器、开关、插座的参考数据尺寸

单位：m

名称	参考尺寸
出口标志灯在门上梁处安装，距门洞上边缘的距离	0.1
暗装插座箱距地的距离	0.3
暗装接地五孔插座距地的距离	0.3
程控电话交换机距地的距离	1.5
带指示灯的暗装单极开关距地的距离	1.3
带指示灯的暗装三极开关距地的距离	1.3
带指示灯的暗装双极开关距地的距离	1.3
等电位联结箱接地母线铜排距地的距离	0.5
电话插座距地的距离	0.3
动力配电箱总箱落地安装，分箱距地的距离	1.5
疏散指示灯在出入口安装，吊管安装距顶的距离	0.5
疏散指示灯在走道墙壁安装时距地的距离	0.8
有线电视分配器箱距地的距离	1.5
照明配电箱总箱落地安装，分箱距地的距离	1.5
总配线架距地的距离	1.5

4.10.6 酒吧间内客席的要求

4.10.6.1 基本知识

酒吧间内客席的要求见表 4-146。

表 4-146 酒吧间内客席的要求

类型	要求
小型酒吧间	客席占整个建筑面积的 70% 左右
中型酒吧间	客席占整个建筑面积的 60% 左右
大型酒吧间	客席占整个建筑面积的 45% 左右

4.10.6.2 一点通

酒吧间的席位数一般根据每席位 $1.1 \sim 1.7 m^2$ 的使用面积来确定。酒吧固定椅一般高 750mm，吧台一般高 1050mm（靠服务员一边高为 900mm），搁脚板一般高 250mm。

4.10.7 网吧插座、开关高度

4.10.7.1 基本知识

网吧插座和开关的参考高度见表 4-147。

表 4-147 网吧插座和开关的参考高度

名称	参考设计高度/m	备注
网络插座	0.4	—
电视插座	0.4	—
电话插座	0.4	—
空调插座	2.2 等	250V/10A 等
二三孔插座	1.4	250V/10A 等
排风扇插座	2.2 等	250V/10A 等
一位单控开关（暗装式）	1.4 等	250V/10A 等

续表

名称	参考设计高度/m	备注
二位单控开关（暗装式）	1.4 等	250V/10A 等
三位单控开关（暗装式）	1.4 等	250V/10A 等
一位双控开关（暗装式）	1.4 等	250V/10A 等

4.10.7.2　一点通

网吧电源线一般需要单独占用一个管道或者 PVC 槽，以避免影响网线的传输质量。

4.11 旅店和公共交通等候室

4.11.1　旅店客房卫生与环境要求

4.11.1.1　基本知识

旅店客房卫生与环境要求见表 4-148。

表 4-148　旅店客房卫生与环境要求

项目	3～5 星级饭店、宾馆	1～2 星级饭店、宾馆与非星级带空调的饭店、宾馆	普通旅店、招待所
床位占地面积/(m^2/人)	≥7	≥7	≥4
二氧化碳/%	≤0.07	≤0.1	≤0.1
风速/(m/s)	≤0.3	≤0.3	—
甲醛/(mg/m^3)	≤0.12	≤0.12	≤0.12
可吸入颗粒物/(mg/m^3)	≤0.15	≤0.15	≤0.2
空气细菌总数——撞击法/(cfu/m^3)	≤1000	≤1500	≤2500
空气细菌总数——沉降法/(个/皿)	≤10	≤10	≤30
台面照度/lx	≥100	≥100	≥100

续表

项目	3～5星级饭店、宾馆	1～2星级饭店、宾馆与非星级带空调的饭店、宾馆	普通旅店、招待所
温度（冬季）/℃	＞20	＞20	≥16(采暖地区)
温度（夏季）/℃	＜26	＜28	—
相对湿度/%	40～65	—	—
新风量/[m³/(h·人)]	≥30	≥20	—
一氧化碳/(mg/m³)	≤5	≤5	≤10
噪声/dB（A）	≤45	≤55	—

4.11.1.2 一点通

旅店客房需要有较好的朝向，自然采光系数以 1/8～1/5 为宜。

除了标准较高的客房需要设有专门卫生间设备外，每层楼必须设有公共卫生间。盥洗室每 8～15 人设一龙头，淋浴室每 20～40 人设一龙头。男厕所每 15～35 人设大小便器各一个，女厕所每 10～25 人设便器一个。

旅店卫生间地坪需要略低于客房，并需要选择耐水易洗刷的材料。距地坪 1.2m 高的墙裙需要采用瓷砖或磨石子。

旅店卫生间需要有自然通风管井或机械通风装置。

4.11.2 公共用品清洗消毒判定标准

4.11.2.1 基本知识

公共用品清洗消毒判定标准见表 4-149。

表 4-149 公共用品清洗消毒判定标准

项目	细菌总数	致病菌/(个/50cm²)	大肠菌群/(个/50cm²)
茶具	＜5cfu/mL	不得检出	不得检出
毛巾和床上卧具	＜200cfu/25cm²	不得检出	不得检出
脸（脚）盆、浴盆、坐垫、拖鞋	—	不得检出	—

4.11.2.2　一点通

旅店需要设消毒间。旅店的内部装饰、保温材料不得对人体有潜在危害。客房与旅店的其他公共设施（厨房、餐厅、小商品部等）需要分开，并保持适当距离。

旅店空调装置的新鲜空气进风口一般设在室外，须远离污染源。

4.11.3　公共交通等候室卫生与环境要求

4.11.3.1　基本知识

特等、一等、二等站的火车候车室，二等以上的候船室，机场候机室和二等以上的长途汽车站候车室等公共交通等候室的卫生与环境要求见表 4-150。

表 4-150　公共交通等候室卫生与环境要求

项目		候机室	候车室和候船室
二氧化碳/%		≤0.15	≤0.15
风速/(m/s)		≤0.5	≤0.5
甲醛/(mg/m³)		≤0.12	≤0.12
可吸入颗粒物/(mg/m³)		≤0.15	≤0.25
空气细菌数——沉降法/(个/皿)		≤40	≤75
空气细菌数——撞击法/(cfu/m³)		≤4000	≤7000
台面照度/lx		≥100	≥60
温度/℃	无空调装置的采暖地区冬季	≥16	>14
	有空调装置，冬季	18～22	18～20
	有空调装置，夏季	24～28	24～28
相对湿度/%		40～80	—
一氧化碳/(mg/m³)		≤10	≤10
噪声/dB（A）		≤70	≤70

4.11.3.2　一点通

公共交通等候室宜在有通风设施的地方设单独吸烟区。等候室外一般需要根据旅客流量设置相应数量的卫生间。

第5章
店装数据尺寸

5.1 店装基础性数据

5.1.1 商店建筑的规模

5.1.1.1 基本知识

商店建筑的规模可以根据单项建筑内的商店总建筑面积来分类，具体见表 5-1。

表 5-1　商店建筑的规模　　　　　单位：m^2

规模	大型	中型	小型
总建筑面积	＞20000	5000～20000	＜5000

5.1.1.2 一点通

商店建筑其实还可以分为社区商业建筑（社区底商）、街道小商店、大商店，以及根据商店的经营类别分为食杂店、餐饮店、理发店、菜店、维修店等。

小面积商店装修涉及的数据尺寸，借鉴、参考家装的数据尺寸较多；大面积商店装修涉及的数据尺寸，借鉴、参考公装的数据尺寸较多。

5.1.2　社区商业

5.1.2.1　基本知识

社区商业根据居住人口规模和服务的范围，可以分为邻里商业、居住区商业、社区商业中心。各级社区商业的设置规模可以参照表 5-2。

表 5-2　社区商业分级

商业分级	服务人口/万人	商圈半径/km	商业设置规模 （建筑面积）/万平方米
居住区商业	3～5	≤1.5	≤2
邻里商业	1～1.5	≤0.5	≤0.3
社区商业中心	8～10	≤3	≤5

5.1.2.2　一点通

社区商业中心与住宅的间距不应小于 50m。社区商业设施的店招、店牌、灯光等形象设计一般需要与社区的建筑风格相协调。社区商业的功能和业态组合见表 5-3。

表 5-3　社区商业的功能和业态组合

分类	功能定位	必备型业种、业态	选择型业种、业态
居住区 商业	满足日常生活必要的商品和便利服务	洗衣店、家庭服务、超市、报刊亭、餐饮店、维修店、菜市场、美容美发店、再生资源回收站、冲印店	文化娱乐、图书音像店、家庭服务、照相馆、便利店、药店、洗浴、休闲、医疗保健、房屋租赁等中介服务等
邻里 商业	保障基本生活需求、提供必需生活服务	食杂店、报刊亭、餐饮店、理发店、菜店、维修店、再生资源回收站	便利店、图书音像店、超市、美容店、洗衣店、家庭服务等

分类	功能定位	必备型业种、业态	选择型业种、业态
社区商业中心	满足日常生活综合需求、提供个性化消费服务和多元化服务	便利店、美容美发店、洗衣店、沐浴、大型综合超市、药店、百货店、图书音像店、餐饮店、维修店、再生资源回收站、家庭服务、照相馆	专业店、旅馆、专卖店、医疗保健、房屋租赁等中介服务、宠物服务、文化娱乐等

5.1.3 商店（场）、书店卫生与环境要求

5.1.3.1 基本知识

商店（场）和书店的卫生与环境要求见表5-4。

表 5-4 商店（场）、书店的卫生与环境要求

项目	标准值
二氧化碳/%	$\leqslant 0.15$
风速/(m/s)	$\leqslant 0.5$
甲醛/(mg/m³)	$\leqslant 0.12$
可吸入颗粒物/(mg/m³)	$\leqslant 0.25$
空气细菌数——沉降法/(个/皿)	$\leqslant 75$
空气细菌数——撞击法/(cfu/m³)	$\leqslant 7000$
台面照度/lx	$\geqslant 100$
温度（无空调装置的采暖地区冬季）/℃	$\geqslant 16$
温度（有空调装置）/℃	$18\sim28$
相对湿度（有空调装置）/%	$40\sim80$
一氧化碳/(mg/m³)	$\leqslant 5$
噪声/dB（A）	$\leqslant 60$（出售音响设备的柜台$\leqslant 85$）

注：本表适用于城市营业面积在300m²以上，县、乡、镇营业面积在200m²以上的室内场所和书店。

5.1.3.2 一点通

商店（场）和书店的营业厅一般需要有机械通风设备。有空调装

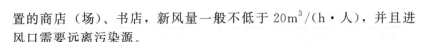

置的商店（场）、书店，新风量一般不低于 $20\text{m}^3/(\text{h}\cdot\text{人})$，并且进风口需要远离污染源。

新建、改建、扩建的商店（场）、书店应利用自然采光，并且采光系数不小于 1/6。

5.1.4　商店楼梯梯段最小净宽、踏步最小宽度和最大高度要求

商店楼梯梯段最小净宽、踏步最小宽度和最大高度的要求见表5-5。

表 5-5　商店楼梯梯段最小净宽、踏步最小宽度和最大高度要求

单位：m

楼梯类别	踏步最大高度	梯段最小净宽	踏步最小宽度
室外楼梯	0.15	1.40	0.30
营业区的公用楼梯	0.16	1.40	0.28
专用疏散楼梯	0.17	1.20	0.26

5.1.5　商店营业厅内通道的最小净宽度要求

5.1.5.1　基本知识

商店营业厅内通道的最小净宽度要求见表5-6。

表 5-6　商店营业厅内通道的最小净宽度要求

通道位置		最小净宽度/m
柜台或货架边与开敞楼梯最近踏步间距离		4（并不小于楼梯间净宽度）
通道在柜台或货架与墙面或陈列窗间的距离		2.2
通道在两个平行柜台或货架间	每个柜台或货架长度小于 7.5m	2.2
	一个柜台或货架长度小于 7.5m，另一个柜台或货架长度为 7.5~15m 时	3
	每个柜台或货架长度为 7.5~15m 时	3.7
	每个柜台或货架长度大于 15m 时	4
	通道一端设有楼梯时	上下两个梯段宽度之和再加 1m

5.1.5.2 一点通

菜市场营业厅的通道最小净宽，一般可以在表5-6规定的基础上再增加20％。当通道内设有陈列物时，通道最小净宽度需要增加该陈列物的宽度。

无柜台营业厅的通道最小净宽，可以根据实际情况，在表5-6规定的基础上酌减，但是减小量不得大于20％。

5.1.6 商店营业厅的净高

5.1.6.1 基本知识

商店营业厅的净高见表5-7。

表 5-7 商店营业厅的净高

通风方式	机械排风与自然通风相结合	空气调节系统	自然通风		
			前后开窗	前面敞开	单面开窗
最大进深与净高比	5:1	—	4:1	2.5:1	2:1
最小净高/m	3.5	3	3.5	3.2	3.2

5.1.6.2 一点通

营业厅的净高一般可以根据其平面形状和通风方式来确定。设有空调设施房间的新风量和过渡季节通风量一般不小于 $20m^3/(h \cdot 人)$ ；有人工照明的面积不超过 $50m^2$ 的房间或宽度不超过3m的局部空间的净高，可以酌减，但是不得小于2.4m。

5.1.7 商店货架或堆垛间的通道净宽度

5.1.7.1 基本知识

商店货架或堆垛间的通道净宽度见表5-8。

表 5-8　商店货架或堆垛间的通道净宽度

通道位置	净宽度/m
电瓶车通道（单车道）	＞2.5
货架或堆垛与墙面间的通风通道	＞0.3
平行的两组货架或堆垛间手携商品通道，按货架或堆垛的宽度选择	0.7～1.25
与各货架或堆垛间通道相连的垂直通道，可以通行轻便手推车	1.5～1.8

5.1.7.2　一点通

商店储存库房内电瓶车行速不得超过 75m/min，其通道需要取直，或设置不小于 6m×6m 的回车场地。

单个货架的宽度一般为 0.3～0.9m，两架应并靠成组。堆垛宽度一般为 0.6～1.8m。

5.1.8　商店与零售业态的单位建筑面积用电指标

5.1.8.1　基本知识

商店与零售业态的单位建筑面积用电指标参考数据见表 5-9。

表 5-9　商店与零售业态的单位建筑面积用电指标参考数据

名称		用电指标/(W/m²)	
购物中心、超级市场、百货商场	大型购物中心、超级市场、高档百货商场	100～200	
	中型购物中心、超级市场、百货商场	60～150	
	小型超级市场、百货商场	40～100	
	家电卖场	100～150（含空调冷源负荷）	60～100（不含空调主机综合负荷）
	零售	60～100（含空调冷源负荷）	40～80（不含空调主机综合负荷）

续表

名称		用电指标/(W/m²)
商业服务网点		100~150（含空调负荷）
菜市场		10~20
步行商业街	餐饮	100~250
	精品服饰，日用百货	80~120
专业店	高档商品专业店	80~150
	一般商品专业店	40~80

注：1. 本表适用于新建、扩建、改建的从事零售业的有店铺商店的建筑电气，不适用于建筑面积小于100m²的单建或附属商店（店铺）的建筑电气。

2. 表中所列用电指标中的上限值是空调冷水机组采用电动压缩式机组时的数值，当空调冷水机组选用吸收式制冷设备（或直燃机），则用电指标可以降低25~35VA。

3. 商业服务网点中，每个银行网点的容量不得小于10kW（含空调负荷）。

5.1.8.2 一点通

商店建筑可以根据其负荷性质、用电容量和当地供电条件等情况，来确定供配电系统方案，并需要具备可扩充性。

在用电设备数量、容量没有确定的情况下，在方案设计阶段，其总用电负荷的需要系数可以根据0.75~0.85来取值。

5.1.9 商店低压配电相关数据

5.1.9.1 基本知识

商店低压配电相关数据见表5-10。

表5-10 商店低压配电相关数据

项目	相关数据
仓储、营业区配电回路的电气火灾监控系统剩余电流报警值要求，其他区域的剩余电流报警值/mA	≤300
除了仓储、营业区外其他区域的剩余电流报警值要求/mA	≤500
电梯机房内地面平均照度要求/lx	≥200
儿童活动区不宜设置电源插座。有设置要求时，插座距地的安装高度要求/m	≥1.8

续表

项目	相关数据
商店建筑接入低压配电系统的单个单相用电负荷，线路供电电流要求/A	≤40
商铺宜设置配电箱，配电容量较小的商铺可采用链式配电方式，同一回路链接的配电箱数量要求/个	≤5
商铺宜设置配电箱，配电容量较小的商铺可采用链式配电方式，同一回路链接回路电流要求/A	≤40
营业区照明配电箱内除正常设备配电回路外，备用回路的比例要求/%	≥20

5.1.9.2 一点通

大、中型商店建筑的大空间营业厅的正常照明，一般需要采用双回路电源交叉供电。安装容量大于 200kW 的营业区配电，需要设置配电间。

商店建筑内营业区的配电分支线路，一般选用铜芯导线。

设置在服装、图书等可燃物较多，及有易燃、易爆商品区域的电气火灾监控探测器，一般需要具有阻性负载识别和报警功能。

商店建筑收银台使用的插座，一般需要采用专用配电回路。

5.1.10 商店照明相关数据

5.1.10.1 基本知识

商店照明相关数据见表 5-11。

表 5-11 商店照明相关数据

项目	相关数据
大、中型商店建筑的营业区需要设置备用照明，其照度不应低于正常照明的比值	不应低于 1/10
大、中型商店建筑需要设置值班照明，大型商店建筑的值班照明水平照度要求/lx	≥20
大件商品仓储区垂直照度标准最低值要求/lx	30
大件商品仓储区水平照度标准最低值要求/lx	50

续表

项目	相关数据
大型、地下、半地下商店建筑营业区等人员密集场所最低水平照度要求/lx	≥5
袋形走道商店建筑灯光疏散指示标志间距/m	≤10
地面商店建筑疏散走道最低水平照度要求/lx	≥11
地下、半地下商店建筑疏散走道最低水平照度要求/lx	≥5
地下、半地下商店建筑灯光疏散指示标志间距/m	≤15
反映商品本色的区域显色指数的要求	>85
高档商品专业店临街向外橱窗照明的重点照明系数白天要求	10：1～20：1
高档商品专业店临街向外橱窗照明的重点照明系数夜间要求	15：1～30：1
贵重物品区域及柜台、收银台的备用照明应单独设置，其启动时间要求/s	≤1.5
精细商品仓储区垂直照度标准最低值要求/lx	50
精细商品仓储区照度标准最低值要求/lx	300
楼梯间、前室、合用前室、避难走道的最低水平照度要求/lx	≥5
当视觉作业亮度与其相邻环境的亮度需要有差别时的亮度比要求	3：1
商店顶棚的水平照度要求/lx	0.3～0.9
商店服装修改间工作台面的照度要求/lx	≥500
商店柜台区的垂直照度要求/lx	100～150
商店建筑灯光疏散指示标志设置在疏散走道及其转角处其距地面的高度	1m 以下的墙面或地面上
商店试衣间（处）试衣位置 1.5m 高处垂直面的照度要求/lx	150～300
商店室内菜市场中除了肉类分割操作台外其他操作台（柜台）的台面照度要求/lx	≥100
商店室内菜市场中肉类分割操作台面的照度要求/lx	≥200
商店室内菜市场中通道地面的照度要求/lx	75
商店收银台的台面照度要求/lx	≥300
商店一般区域的垂直照度要求/lx	≥50
商店正常照明的照明均匀度要求	≥0.6
疏散走道及其转角处灯光疏散指示标志的间距要求/m	≤20

续表

项目	相关数据
小型商店建筑的营业厅宜设置备用照明，其水平照度要求/lx	≥30
小型商店建筑宜设置值班照明，其照度要求/lx	≥5
卸货区照度标准最低值要求/lx	200
一般件商品仓储区垂直照度标准最低值要求/lx	30
一般件商品仓储区照度标准最低值要求/lx	100
一般经营场所备用照明的启动时间要求/s	≤5
有商品展示区域的垂直照度要求/lx	≥150
中、小型商店建筑营业区等人员密集场所最低水平照度要求/lx	≥3
中档商品专业店、百货商场、购物中心临街向外橱窗照明的重点照明系数白天要求	5：1～15：1
中档商品专业店、百货商场、购物中心临街向外橱窗照明的重点照明系数夜间要求	10：1～20：1
中型商店建筑的值班照明照度要求/lx	≥10
主要光源的显色性应满足反映商品颜色真实性的要求，营业厅的显色指数要求	≥80
走道转角区商店建筑灯光疏散指示标志间距/m	≤1

5.1.10.2　一点通

商店营业区需要根据商品对特定光色、气氛、色彩、立体感及质感的要求，选择光色比例、色温和照度。

需要提高亮度对比或增加阴影的位置，应装设重点照明。高照度处，需要采用高色温光源；低照度处，需要采用低色温光源。丝绸、字画等易变色、褪色的商品，可以采用截阻红外线和紫外线的光源。

商店墙面的亮度一般不应大于工作区的亮度。

商店设在地下、半地下及远离建筑物外窗的商店营业区，当无天然采光或天然光不足时，其照度至少需要提高一级。

商店老人用品专卖店的照度，一般需要高于同类用品商店营业区的照度水平，并且照度标准至少需要提高一级。

商店正常照明采用双电源（回路）交叉供电时，正常照明可以兼作备用照明。

5.1.11　商店建筑相关数据

5.1.11.1　基本知识

商店建筑相关数据见表 5-12。

表 5-12　商店建筑相关数据

项目	相关数据
采用开架书廊营业方式时，可以利用空间设置夹层，其净高要求（大型、中型书店）/m	≥2.1
车辆限行的步行商业街长度要求/m	≤500
大型商店建筑的基地沿城市道路的长度不宜小于基地周长的分数数值	1/6
扶手带中心线与平行墙面或楼板开口边缘间的距离、相邻设置的自动扶梯、自动人行道的两梯（道）间扶手带中心线的水平距离要求/m	>0.5
利用现有街道改造的步行商业街，其街道最窄处要求/m	≥6
商店橱窗的平台高度宜至少比室内和室外地面高出的距离/m	0.2
商店室内外高差不足两级踏步时，需要设置坡道，其坡度要求	≤1∶12
商店室内外台阶的踏步高度/m	≤0.15，且≥0.1
商店室内外台阶的踏步宽度/m	≥0.3
商店自动扶梯倾斜角度/（°）	≤30
商店自动人行道倾斜角度/（°）	≤12
设有货架的储存库房净高要求/m	≥2.1
设有夹层的储存库房净高要求/m	≥4.6
无固定堆放形式的储存库房净高要求/m	≥3
销售乐器、音响器材等的营业厅需要设试音室，其面积的要求/m²	≥2
新建步行商业街应留有消防车通道的宽度/m	≥4
有顶棚的步行商业街上空设有悬挂物时，其净高要求/m	≥4
自选营业厅厅前需要设置顾客物品寄存处、进厅闸位、供选购用的盛器堆放位、出厅收款位等，其面积之和不宜小于营业厅面积的百分数/%	8
自选营业厅需要设闭路电视监控装置的面积要求/m²	>1000

5.1.11.2　一点通

商店自动扶梯、自动人行道上下两端水平距离 3m 范围内，需要保持畅通，不得兼作他用。

商店建筑采用自然通风时，其通风开口的有效面积不得小于该房间（楼）地板面积的 1/20。

商店橱窗需要满足防晒、防眩光、防盗等要求。

5.2　理发店、美容店

5.2.1　理发店、美容店卫生与环境要求

5.2.1.1　基本知识

理发店、美容店的卫生与环境要求见表 5-13。

表 5-13　理发店、美容店的卫生与环境要求

项目	标准值
氨/(mg/m³)	≤0.5
二氧化碳/%	≤0.1
甲醛/(mg/m³)	≤0.12
可吸入颗粒物/(mg/m³)	≤0.15（美容院）、≤0.2（理发店）
空气细菌数——沉降法/(个/皿)	≤40
空气细菌数——撞击法/(cfu/m³)	≤4000
一氧化碳/(mg/m³)	≤10

5.2.1.2　一点通

毛巾与座位比——甲、乙级为 4∶1，丙、丁级不小于 3∶1。

洗头池与座位比——美容院（店）不小于 1∶4；甲、乙级理发

店不小于 1：5。

无单独操作间的普通理发店应设烫发、染发工作区，还应设有效的抽风设备，并且控制风速不低于 0.3m/s。

有的地方规定新开业的理发店或美容店的营业面积必须在 $10m^2$ 以上。

理发店地面需要易于冲洗、不起灰。理发店墙面墙裙需要有 1.5m 高的瓷砖、大理石贴面或油漆。

高级理发店和美容店需要有机械通风设备，并且组织通风合理。无机械通风设备的普通理发店和美容店，需要充分利用自然通风。

5.2.2　美容店（院）常见灯具与插座参考定位数据尺寸

美容店（院）常见灯具与插座参考定位数据尺寸见表 5-14。

表 5-14　美容店（院）常见灯具与插座参考定位数据尺寸

单位：mm

名称	参考定位
壁灯离地距离	1700
壁挂空调插座离地距离	2200
低位插座离地距离	300
电视插座离地距离	300
高位插座离地距离	2200
宽带出线插座离地距离	300
内线电话插座离地距离	1300
外线电话插座离地距离	300
中位插座离地距离	1200

5.2.3　美容店或理发店冷、热水主管的管径与洗头床的数量

5.2.3.1　基本知识

美容店或理发店冷、热水主管的管径可供洗头床的数量要求见表 5-15。

表 5-15　美容店或理发店冷、热水主管的管径可供洗头床的数量要求

类型	主管的管径/mm	洗头床数量
冷水管	一条 φ20 管	可供 1～2 张洗头床
	一条 φ25 管	可供 3～8 张洗头床
	一条 φ32 管	可供 8～15 张洗头床
	多路 φ32 分别供水	16 张以上
热水管	一条 φ20 管	可供 1～2 张洗头床
	一条 φ25 管	可供 3～5 张洗头床
	一条 φ32 管	可供 6～13 张洗头床
	多路 φ32 管分别供水	14 张以上

5.2.3.2　一点通

美容店自来水水管与水表的大小和流量，需要能够满足经营场所的最大用水量。具体可以根据一天中的最大客流量来估计：一般一天有 100 个客人的美容院，其自来水流量一般需要在 22L/min 以上。

美容店或理发店的洗头床不超过 6 张的情况下，排水主管可以采用 φ75 管，否则都需要采用 φ110 排水主管。

5.3　服装店

5.3.1　服装店橱窗尺寸

5.3.1.1　基本知识

服装店橱窗尺寸见表 5-16。

表 5-16　服装店橱窗尺寸　　　　　　　　单位：m

项目	数据
服装店橱窗一般尺寸（宽度×高度）	0.7×1.8

续表

项目	数据
服装店大、中橱窗尺寸（宽度×高度）	$(1.5\sim2.5)\times(2\sim2.2)$
服装店小橱窗尺寸（宽度×高度）	$(1\sim1.2)\times(2\sim2.2)$
橱窗的尺寸（单门面与两个门面）（宽度×高度）	$(1.8\sim3.5)\times(2\sim2.2)$
橱窗平台高于室内地面	$\geqslant0.2$
橱窗平台高于室外地面	$\geqslant0.5$
橱窗高度	$2\sim2.2$
橱窗离地距离	$0.3\sim0.6$

5.3.1.2　一点通

从位置分布来看，服装店橱窗可以分为店内橱窗、有店头橱窗；从装修的形式来看，服装店橱窗可以分为封闭式橱窗、半通透式橱窗、通透式橱窗；从构成元素来看，服装店橱窗由服装、道具、背景、人模、灯光等元素组成。

市场多数服装主力店的店面，主要以单门面、两个门面之和为主。这些中小型橱窗基本上采用两三个模特的陈列方式。

5.3.2　服装店试衣间尺寸

5.3.2.1　基本知识

服装店试衣间的尺寸见表 5-17。

表 5-17　服装店试衣间尺寸　　　　单位：m

项目	数据
大试衣间长度	2.5
大试衣间宽度	2
普通试衣间长度	2
普通试衣间宽度	1.7

项目	数据
小试衣间长度	1.7
小试衣间宽度	1.5

5.3.2.2　一点通

　　服装店试衣间的具体尺寸，没有硬性的唯一标准，往往需要根据店面大小来确定。

5.3.3　服装店货架尺寸

5.3.3.1　基本知识

　　采用服装货架可以更好地展示店内衣服，更好地与整个服装店的装修风格融为一体，从而促进消费者的购买欲望。服装店的货架尺寸见表 5-18。

表 5-18　服装店货架尺寸　　　　　单位：mm

项目		数据
边架	男装服装货架尺寸	上方预留 900，下方预留 1200～1350
	女装服装货架尺寸	上方预留 800，下方预留 1300
	整体高度	2400
	整体宽度	600、800、1200
货架与货架间预留的空间		900～1200
中岛服装货架	高度（单杠中岛）	约 1350
	高度（流水台展示柜）	≤900
	高度（双杠中岛）	1350、1500、1700
	宽度（流水台展示柜）	约 1200

5.3.3.2　一点通

　　服装货架的种类很多，对于面积有限的服装店而言，应选择合适尺寸的服装货架，以免货架尺寸过大，使服装店显得拥挤压抑。

边架服装货架一般依墙而架，能够对服装进行侧挂、正挂、叠装等陈列方式。

中岛服装货架可以分为地雷架、双杠中岛、单杠中岛、流水台和展台等。其中，双杠中岛与单杠中岛差不多，只是双杠中岛具有两个杆，可以悬挂两排衣服。

服装货架的高度往往需要根据悬挂衣服的种类和大小来选择。同时，需要注意服装货架间应预留足够的空间。

5.4 火锅店

5.4.1 火锅店电器、设备装修安装方式数据尺寸

5.4.1.1 基本知识

火锅店电器、设备装修安装方式数据尺寸见表 5-19。

表 5-19 火锅店电器、设备装修安装方式数据尺寸

名称	参考安装方式
单联单控开关	暗装，下沿距地 1.3m
火灾报警装置	嵌墙安装，下沿距地 1.5m
进线电表箱	嵌墙安装，下沿距地 1.6m
空调插座单相三极插座（带开关）	暗装，下沿距地 0.3m
三联单控开关	暗装，下沿距地 1.3m
双联单控开关	暗装，下沿距地 1.3m
一般插座二极、三极组合插座（带保护门）	暗装，下沿距地 0.3m
照明配电箱	嵌墙安装，下沿距地 1.5m

5.4.1.2 一点通

火锅店厅堂餐桌，需要根据规模设计不同的数量。例如 $100m^2$

以上的厅堂，餐桌可以设计 10 桌以上。如果是采用火锅电磁炉，则需要考虑餐桌的大小，以便于电源插座的布局。

火锅店餐厅落台，一般根据餐桌布局安排，并且落台与餐桌的数量比例一般为（1:2）～（1:4）。

火锅店厨房面积，一般根据火锅店的规模来确定。例如中型火锅店的厨房面积可以为 $30\sim60\mathrm{m}^2$。

火锅店厨房下水道需要有出水管，并且下水道各小出口的直径一般不得小于 15cm。

5.4.2 火锅店设备、设施相关数据尺寸

5.4.2.1 基本知识

火锅店设备、设施相关数据尺寸见表 5-20。

表 5-20　火锅店设备、设施相关数据尺寸　　单位：cm

名称	参考尺寸
白案台（长度×宽度×高度）	120×70×75
菜墩高度	15
出菜台（长度×高度）	120×100
调味台（长度×宽度×高度）	200×80×70
墩子台高度	75～80
水槽（长度×宽度×高度×槽深）	70×60×75×20
水沟/下水道（宽度×深度）	25×15
碗架（长度×每格高）	258×40
一般行走通道宽度	≥100

5.4.2.2 一点通

一般火锅店的广播、火灾报警系统可以选择 ZR-BV-0.5 线缆。一般照明线路可以采用 BV-2.5 型导线即可。一般插座线路可以采用 BV-4 型导线，线芯为三芯即可。室外装饰照明预留电源预埋管可以选择 SC20 钢管，伸出室外即可。

5.5 咖啡店和小型超市

5.5.1 咖啡店（厅）客席区面积要求

5.5.1.1 基本知识

咖啡店（厅）客席区面积要求见表5-21。

表 5-21 咖啡店（厅）客席区面积要求

类型	要求
小型咖啡店（厅）	客席区面积大约占整个建筑面积的 45%
中型咖啡店（厅）	客席区面积大约占整个建筑面积的 70%
大型咖啡店（厅）	客席区面积大约占整个建筑面积的 60%

5.5.1.2 一点通

咖啡店（厅）一般每席占 1.1～1.7m² 的使用面积。

5.5.2 小型超市设备安装参考方式

5.5.2.1 基本知识

小型超市设备安装参考方式见表5-22。

表 5-22 小型超市设备安装参考方式

设备名称	安装方式
安全出口灯	紧贴荧光灯下方管吊，自带 30min 蓄电池
单管日光灯	挂高 3m
单联单控开关	底高 1.4m
单相二三极暗插座	底高 1.4m
单相柜式空调插座	距地 0.3m

设备名称	安装方式
单相三极暗插座	底高 0.4m
单相五孔插座	距地 0.3m
电表箱	挂墙安装，底高 1.4m
电源分配箱	挂墙安装，底高 1.4m
弱电箱	底高 1.8m
三联单控开关	底高 1.4m
疏散指示灯	一般离地 0.5m
双管 T8 荧光灯	距地 3m 管吊
双管日光灯	挂高 3m，带应急 30min
双联单控开关	底高 1.4m
双面疏散诱导灯	紧贴荧光灯下方管吊，自带 30min 蓄电池
吸顶灯	带应急 30min
诱导灯	一般门上 0.1m
照明配电箱	距地 1.5m 落地支架安装，或者底高 1.8m
总等电位联结端子箱	距地 0.5m

5.5.2.2　一点通

　　小型超市设备安装参考方式，需要根据规范要求与实际情况综合决定。

第6章
验收与监察数据尺寸

6.1 结构层、装修木制品与台面验收

6.1.1 公共建筑装饰基层表面的允许偏差

公共建筑装饰基层表面的允许偏差见表 6-1。

表 6-1 公共建筑装饰基层表面的允许偏差

项目	允许偏差/mm									检验方法
	垫层			楼地面找平层		墙、顶基面				
		毛地板		用水泥砂浆做结合层铺设板块垫层及防水	用胶黏剂做结合层铺设拼花木板、塑料板硬质纤维板、地毯面层	顶板底、骨架底	墙、柱			
	混凝土垫层	拼花木板面层	其他种类面层				墙	方柱	圆柱	
阴阳角垂直	—	—	—	—	—	—	2	2	—	用 2m 托线板检验
阴阳角方正	—	—	—	—	—	2	2	2	—	用直角尺、塞尺检验

续表

项目	允许偏差/mm									检验方法
	垫层			楼地面找平层		墙、顶基面				
		毛地板		用水泥砂浆做结合层铺设板块面层及防水	用胶黏剂做结合层铺设拼花木板、塑料板硬质纤维板、地毯面层	顶板底、骨架底	墙、柱			
	混凝土垫层	拼花木板面层	其他种类面层				墙	方柱	圆柱	
弧形表面精确度	—	—	—	—	—	—	—	—	2	用弧线样板、塞尺检验
柱群纵横向顺直	—	—	—	—	—	—	—	—	2	拉通线尺量检验
表面平整度	5	1	2	2	2	2	2	2	—	用 2m 靠尺、塞尺检验
立面垂直度	—	—	—	—	—	—	2	2	2	用 2m 托线板检验
总高垂直度	—	—	—	—	—	—	—	$H/1000$ ≤5	$H/1000$ ≤5	用经纬仪或吊线、尺量检验

6.1.2　找平层、保护层的允许偏差

找平层、保护层的允许偏差见表 6-2。

表 6-2　找平层、保护层的允许偏差

项目类型	允许偏差/mm	检验方法
标高	±4	用水准仪来检验
表面平整度	3	用 2m 靠尺、塞尺来检验
厚度	个别地方不大于设计厚度的 1/10，并且不大于 20	用直尺来检验
坡度	不大于房间相应尺寸的 2/1000，并且不大于 30	用坡度尺来检验

6.1.3　台面平整度、挡水板与墙体缝隙的允许偏差

台面平整度、挡水板与墙体缝隙的允许偏差见表 6-3。

表 6-3　台面平整度、挡水板与墙体缝隙的允许偏差

项目类型	允许偏差/mm	检验方法
两端高低差	2	用水准仪或尺来检验
台面水平度	2	用水平尺等来检验
台上挡水板与墙体缝隙	1	用塞尺来检验
台下裙板、台上挡水板立面垂直度	2	用垂直检测尺来检验

6.1.4　装修木制品允许偏差

装修木制品安装基层允许偏差见表 6-4。

表 6-4　装修木制品安装基层允许偏差

项目		允许误差/mm			
		踢脚板	橱柜	门（窗）框	墙裙
洞口尺寸 （高度/宽度）	发泡填充		＋10/＋10	＋5/＋10	—
	粘接	—	—	＋1/＋2	—
	干挂	＋10/＋5	—	—	＋10
墙体平面垂直度		2	5	2	5
洞口垂直度		—	5	5	5

6.2 隔断工程

6.2.1　隔断工程的允许偏差

隔断工程的允许偏差见表 6-5。

表 6-5　隔断工程的允许偏差

项目类型	允许偏差/mm	检验方法
边框垂直度	2	用吊线、尺来检验
表面平整度	1	用靠尺、塞尺来检验
单元扇对角线差	2	用尺来检验
相同部位部件尺寸差	0.5	用尺来检验
压条平直、缝隙平直	1	用1m直尺来检验
组合扇水平	2	拉5m线，不足5m拉通线，或用尺来检验

6.2.2　隔板安装的允许偏差

隔板安装的允许偏差见表 6-6。

表 6-6　隔板安装的允许偏差

项目类型	允许偏差/mm	检验方法
单元扇对角线差	2	用尺来检验
活扇并缝、活扇与两边框间隙	1.5	用塞尺来检验
立面垂直度	2	用2m垂直检测尺来检验
两端高低差	2	用水准仪或尺来检验
相邻扇水平	2	拉5m线，不足5m拉通线，或用尺来检验
相同部位部件尺寸差	0.5	用尺来检验
阴阳角方正	1	用直角检测尺来检验

6.2.3　板材隔墙安装的允许偏差

板材隔墙安装的允许偏差见表 6-7。

表 6-7　板材隔墙安装的允许偏差

项目类型	复合轻质墙板——金属夹芯板允许偏差/mm	复合轻质墙板——其他复合板允许偏差/mm	石膏空心板允许偏差/mm	水泥板允许偏差/mm	检验方法
表面平整度	2	3	3	3	用 2m 靠尺、塞尺来检验
接缝高低差	1	2	2	3	用直尺、塞尺来检验
接缝宽度	2	2	2	3	用直尺来检验
接缝直线度	3	3	3	3	拉 5m 线，不足 5m 拉通线
立面垂直度	2	3	3	3	用 2m 垂直检测尺来检验
阴阳角方正	3	3	3	4	用直角检测尺来检验

6.2.4　玻璃隔墙安装的允许偏差

玻璃隔墙安装的允许偏差见表 6-8。

表 6-8　玻璃隔墙安装的允许偏差

项目类型	玻璃板允许偏差/mm	玻璃砖允许偏差/mm	检验方法
表面平整度	—	3	用 2m 靠尺、塞尺、检测尺来检验
接缝高低差	1	2	用直尺、塞尺来检验
接缝宽度	1	1	用直尺来检验
接缝直线度	2	2	拉 5m 线，不足 5m 拉通线，用直尺来检验
立面垂直度	2	2	用 2m 垂直检测尺来检验
阴阳角方正	2	2	用直角检测尺来检验

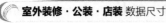

6.2.5　骨架隔墙安装的允许偏差

骨架隔墙安装的允许偏差见表 6-9。

表 6-9　骨架隔墙安装的允许偏差

项目类型	人造木板允许偏差/mm	纸面石膏板允许偏差/mm	水泥板允许偏差/mm	金属板、铝塑板允许偏差/mm	检验方法
表面平整度	2	2	2	2	用 2m 靠尺、塞尺来检验
接缝高低差	1	1	1	1	用直尺、塞尺来检验
立面垂直度	2	2	2	2	用 2m 垂直检测尺来检验
阴阳角方正	2	2	2	2	用直角检测尺来检验

6.2.6　活动隔墙安装的允许偏差

活动隔墙安装的允许偏差见表 6-10。

表 6-10　活动隔墙安装的允许偏差

项目类型	允许偏差/mm	检验方法
表面平整度	2	用 2m 靠尺、塞尺来检验
接缝高低差	2	用直尺、塞尺来检验
接缝宽度	2	用直尺来检验
接缝直线度	3	拉 5m 线，不足 5m 拉通线，用直尺来检验
立面垂直度	3	用 2m 垂直检测尺来检验

6.3　门窗工程

6.3.1　木门窗制作的允许偏差

木门窗制作的允许偏差见表6-11。

表 **6-11**　木门窗制作的允许偏差

名称	项目类型	允许偏差/mm	检验方法
框	翘曲	2	将框、扇平放在检查平台上，用塞尺来检验
框	高度、宽度	0、—1	用直尺来检验
框、扇	对角线长度差	2	用直尺来检验，框量裁口里角，扇量外角
框、扇	裁口、线条结合处高低差	0.5	用直尺、塞尺来检验
扇	翘曲要求	2	将框、扇平放在检查平台上，用塞尺来检验
扇	表面平整度	2	用1m靠尺、塞尺来检验
扇	高度、宽度	+1、0	用直尺来检验
扇	相邻榀子两端间距	1	用直尺来检验

6.3.2　木门窗安装的留缝限值和允许偏差

木门窗安装的留缝限值和允许偏差见表6-12。

表 **6-12**　木门窗安装的留缝限值和允许偏差

项目类型	留缝限值/mm	允许偏差/mm	检验方法
窗扇与下框间的留缝	2~3	—	用塞尺来检验

续表

项目类型		留缝限值/mm	允许偏差/mm	检验方法
框与扇、扇与扇接缝的高低差		—	1	用直尺、塞尺来检验
门窗槽口对角线的长度差		—	2	用直尺来检验
门窗框正面和侧面的垂直度		—	1	用1m垂直检测尺来检验
门窗扇对口缝		2~3	—	用塞尺来检验
门窗扇与侧框间留缝		2~3	—	用塞尺来检验
门窗扇与上框间留缝		2~3	—	用塞尺来检验
门窗扇与下框间留缝		3~4	—	用塞尺来检验
双层门窗内外框间距		—	3	用直尺来检验
无下框时门扇与地面间留缝	内门	6~7	—	用塞尺来检验
	外门	5~6	—	用塞尺来检验
	卫生间门	8~10	—	用塞尺来检验

6.3.3 门窗套安装的允许偏差

门窗套安装的允许偏差见表 6-13。

表 6-13 门窗套安装的允许偏差

项目类型	允许偏差/mm	检验方法
门窗上口、侧口直顺度	2	拉通线，或用尺来检验
门窗套上口水平度	1	用1m水平检测尺、塞尺来检验
拼板、木线交接错台错缝	0.3	用直尺、塞尺来检验
正面、侧面垂直度	1	用1m垂直检测尺来检验

6.3.4 窗帘盒、窗台板安装的允许偏差

窗帘盒、窗台板安装的允许偏差见表 6-14。

表 6-14 窗帘盒、窗台板安装的允许偏差

项目类型	窗台板允许偏差/mm	窗帘盒允许偏差/mm	检验方法
表面平整度	1	—	用靠尺、塞尺来检验
立面垂直度	—	1	全高吊线、尺来检验
两端出墙厚度差	2	2	用尺来检验
两端高低差	1	2	用水平尺、塞尺来检验
两端距洞口长度差	2	2	用尺来检验
上口平直度	2	—	拉线、尺来检验
下口平直度	—	2	拉线、尺来检验

6.3.5 塑料门窗安装的允许偏差

塑料门窗安装的允许偏差见表 6-15。

表 6-15 塑料门窗安装的允许偏差

项目类型	允许偏差/mm	检验方法
门窗扇与框的搭接量	2	用深度尺或精度为 0.5mm 直尺来检验
门窗框（含拼樘料）的水平度	3	用 1m 水平尺、精度为 0.5mm 的塞尺来检验
门窗框（含拼樘料）正面、侧面垂直度	3	用 1m 垂直检测尺来检验
门窗框槽口对角线长度差（>2000mm）	3	用精度为 1mm 的钢卷尺来检验
门窗框槽口对角线长度差（≤2000mm）	2.5	用精度为 1mm 的钢卷尺来检验
门窗框外形（宽度、高度）尺寸长度差（>1500mm）	3	用精度为 1mm 的钢卷尺来测量外框两相对外端面，测量部位距端部 100mm
门窗框外形（宽度、高度）尺寸长度差（≤1500mm）	2	用精度为 1mm 的钢卷尺来测量外框两相对外端面，测量部位距端部 100mm
门窗竖向偏离中心	5	用精度为 0.5mm 的钢直尺来检验

项目类型	允许偏差/mm	检验方法
门窗下横框标高	5	用精度为1mm的钢直尺、基准线来检验
平开门窗铰链部位配合间隙	1	用塞尺来检验
双层窗内外框间距	4	用精度为0.5mm的钢直尺来检验
同樘平开门窗相邻扇高度差	2	用靠尺、精度为0.5mm的钢直尺来检验
推拉门扇与竖框平行度	2	用精度为0.5mm的直尺来检验
组合门窗平面度、横竖缝直线度	2.5	用2m靠尺、精度为0.5mm的直尺来检验

6.3.6 铝合金门窗安装的允许偏差

铝合金门窗安装的允许偏差见表6-16。

表6-16 铝合金门窗安装的允许偏差

项目类型	允许偏差/mm	检验方法
门窗横框标高	3	用钢卷尺来检验
门窗框（含拼樘料）水平度	2	用1m水平尺、塞尺来检验
门窗框（含拼樘料）正面、侧面垂直度	2	用垂直检测尺来测量
门窗框槽口对边尺寸差（>2000mm）	≤2.5	用钢卷尺来测量
门窗框槽口对边尺寸差（≤2000mm）	≤2	用钢卷尺来测量
门窗框槽口对角线尺寸差（>2000mm）	≤3	用钢卷尺来测量
门窗框槽口对角线尺寸差（≤2000mm）	≤2.5	用钢卷尺来测量
门窗框槽口宽度、高度（>2000mm）	2	用钢卷尺量里角

续表

项目类型	允许偏差/mm	检验方法
门窗框槽口宽度、高度（≤2000mm）	1.5	用钢卷尺量里角
门窗框与扇搭接量	1.0	用直尺来测量
门窗竖向偏离中心	3	用钢卷尺来测量
同一平面高低差	≤0.3	用高度尺来测量
装配间隙	≤0.2	用塞尺来检验

6.3.7 自动门安装的留缝限值和允许偏差

自动门安装的留缝限值和允许偏差见表6-17。

表6-17 自动门安装的留缝限值和允许偏差

项目类型	留缝限值/mm	允许偏差/mm	检验方法
门构件的装配间隙	—	0.2	用塞尺来检验
门框槽口对角线长度差（≤2000mm）	—	≤2	用直尺来检验
门框槽口对角线长度差（>2000mm）	—	≤2.5	用直尺来检验
门框槽口宽度、高度（>1500mm）	—	2	用直尺来检验
门框槽口宽度、高度（≤1500mm）	—	1.5	用直尺来检验
门框的正面、侧面垂直度	—	1	用1m垂直检测尺来检验
门梁导轨水平度	—	1	用1m水平尺、塞尺来检验
门扇对口缝	1.2～1.8	—	用直尺来检验
门扇与侧框间留缝	1.2～1.8	—	用直尺来检验
下导轨与门梁导轨平行度	—	1.5	用直尺来检验

6.3.8 自动门的感应时间限值

自动门的感应时间限值见表 6-18。

表 6-18 自动门的感应时间限值

项目	感应时间限值/s	检验方法
堵门的保护时间	16～20	用秒表来检验
开门的响应时间	≤0.5	用秒表来检验
门扇全开启后的保持时间	13～17	用秒表来检验

6.3.9 旋转门安装的允许偏差

旋转门安装的允许偏差见表 6-19。

表 6-19 旋转门安装的允许偏差

项目	允许偏差/mm	检验方法
门扇对角线长度差	1.5	用直尺来检验
门扇正面、侧面垂直度	1.5	用1m垂直检测尺来检验
扇与地面间留缝	2	用塞尺来检验
扇与上顶间留缝	2	用塞尺来检验
扇与圆弧边留缝	1.5	用塞尺来检验
相邻扇高度差	1	用直尺来检验

6.3.10 电动平开、推拉围墙大门门体组装允许偏差

电动平开、推拉围墙大门门体组允许偏差见表 6-20。

表 6-20 电动平开、推拉围墙大门门体组装允许偏差

单位：mm

项目	技术要求	
门体宽度尺寸偏差	≤6000	±5
	>6000	±10

项目	技术要求	
门体两对角线长度差	≤6000	≤5
	>6000	≤10
门体相邻构件交角平面高低差	≤0.5	
门体高度尺寸偏差	±5	

6.3.11 轻型金属卷门窗深度、尺寸偏差、形位公差、绝缘电阻要求

轻型金属卷门窗页片嵌入导轨或中柱中的深度见表 6-21。

表 6-21 轻型金属卷门窗页片嵌入导轨或中柱的深度

单位：mm

卷门窗内宽	每端嵌入深度
≤1800	≥20
>1800～3000	≥30

轻型金属卷门窗安装尺寸极限偏差和形位公差要求见表 6-22。

表 6-22 轻型金属卷门窗安装尺寸极限偏差和形位公差要求

项目	指标/mm
导轨、中柱与水平面垂直度	≤15
卷轴与水平面平行度	≤3
座板与水平面平行度	≤10
卷门窗内宽极限偏差	±3
卷门窗内高极限偏差	±10

轻型金属卷门窗各电路的绝缘电阻要求见表 6-23。

表 6-23　轻型金属卷门窗各电路的绝缘电阻要求

类别	电路电压/V	绝缘电阻/MΩ
电动机等主电路	＞300	≥0.4
	＜300	≥0.2
控制电路	150～300	≥0.2
	＜150	≥0.1

6.4　抹灰与涂饰工程

6.4.1　高级抹灰的允许偏差

高级抹灰的允许偏差见表 6-24。

表 6-24　高级抹灰的允许偏差

项目类型	墙允许偏差/mm	方柱允许偏差/mm	检验方法
表面平整度	2	2	用 2m 靠尺和塞尺来检验
分格条（缝）直线度	2	—	拉 5m 线，不足 5m 拉通线，用直尺来检验
立面垂直度	2	2	用 2m 垂直检测尺来检验
阴阳角方正	2	1	用直角检测尺来检验

6.4.2　水性涂料涂饰工程的允许偏差

水性涂料涂饰工程的允许偏差见表 6-25。

表 **6-25** 水性涂料涂饰工程的允许偏差

项目类型	薄涂料——普通涂饰允许偏差/mm	薄涂料——高级涂饰允许偏差/mm	厚涂料——普通涂饰允许偏差/mm	厚涂料——高级涂饰允许偏差/mm	复层涂料允许偏差/mm	检验方法
装饰线、分色线直线度	2	1	2	1	3	拉5m线，不足5m拉通线，用直尺来检验
墙裙、勒脚上口直线度	2	1	2	1	3	拉5m线，不足5m拉通线，用直尺来检验

6.4.3 美术涂料涂饰工程允许偏差

美术涂料涂饰工程允许偏差见表 6-26。

表 **6-26** 美术涂料涂饰工程允许偏差

项目类型	允许偏差/mm	检验方法
墙裙、勒脚上口直线度	2	拉5m线，不足5m拉通线，可以用直尺来检验
装饰线、分色线直线度	2	拉5m线，不足5m拉通线，可以用直尺来检验

6.5 板材安装工程

6.5.1 木饰面板安装的允许偏差

木饰面板安装的允许偏差见表 6-27。

表 6-27　木饰面板安装的允许偏差

项目类型	允许偏差/mm	检验方法
表面平整度	1	用 2m 靠尺、塞尺来检验
接缝高低差	0.5	用直尺、塞尺来检验
接缝宽度	1	用直尺来检验
接缝直线度	1	拉 5m 线，不足 5m 拉通线，用直尺来检验
立面垂直度	1.5	用 2m 垂直检测尺来检验
墙裙、勒脚上口直线度	2	拉 5m 线，不足 5m 拉通线，用直尺来检验
阴阳角方正	1.5	用直角检测尺来检验

6.5.2　陶瓷板安装的允许偏差

陶瓷板安装的允许偏差见表 6-28。

表 6-28　陶瓷板安装的允许偏差

项目类型	允许偏差/mm	检验方法
表面平整度	1.5	用 2m 靠尺、塞尺来检验
接缝高低差	0.5	用直尺、塞尺来检验
接缝宽度	1	用直尺来检验
接缝直线度	2	拉 5m 线，不足 5m 拉通线，用直尺来检验
立面垂直度	2	用 2m 垂直检测尺来检验
墙裙、勒脚上口直线度	2	拉 5m 线，不足 5m 拉通线，用直尺来检验
阴阳角方正	2	用直角检测尺来检验

6.5.3　塑料板安装的允许偏差

塑料板安装的允许偏差见表 6-29。

表 6-29 塑料板安装的允许偏差

项目类型	允许偏差/mm	检验方法
表面平整度	3	用 2m 靠尺、塞尺来检验
接缝高低差	1	用直尺、塞尺来检验
接缝宽度	1	用直尺来检验
接缝直线度	1	拉 5m 线，不足 5m 拉通线，用直尺来检验
立面垂直度	2	用 2m 垂直检测尺来检验
墙裙、勒脚上口直线度	2	拉 5m 线，不足 5m 拉通线，用直尺来检验
阴阳角方正	3	用直角检测尺检查

6.5.4 玻璃板安装的允许偏差

玻璃板安装的允许偏差见表 6-30。

表 6-30 玻璃板安装的允许偏差

项目类型	隐框玻璃允许偏差/mm	明框玻璃允许偏差/mm	检验方法
表面平整度	1	1	用 2m 靠尺、塞尺来检验
分格框对角线长度差（对角线长度＞2m）	—	3	用直尺来检验
分格框对角线长度差（对角线长度≤2m）	—	2	用直尺来检验
构件直线度	1	1	用 2m 垂直检测尺来检验
接缝高低差	1	1	用直尺、塞尺来检验
接缝宽度	1	—	用直尺来检验
接缝直线度	2	2	用直尺、塞尺来检验
立面垂直度	1	1	用 2m 垂直检测尺来检验
相邻板角错位	1	—	用直尺来检验
阳角方正	1	1	用直角检测尺来检验

6.5.5　石材板安装的允许偏差

石材板安装的允许偏差见表 6-31。

表 6-31　石材板安装的允许偏差

项目类型	光面允许偏差/mm	剁斧石允许偏差/mm	蘑菇石允许偏差/mm	检验方法
表面平整度	2	3	—	用 2m 靠尺、塞尺来检验
接缝高低差	0.5	3	—	用直尺、塞尺来检验
接缝宽度	1	2	2	用直尺来检验
接缝直线度	2	4	4	拉 5m 线，不足 5m 拉通线，用直尺来检验
立面垂直度	2	3	3	用 2m 垂直检测尺来检验
墙裙、勒脚上口直线度	2	3	3	拉 5m 线，不足 5m 拉通线，用直尺来检验
阴阳角方正	2	4	4	用直角检测尺来检验

6.5.6　金属板安装的允许偏差

金属板安装的允许偏差见表 6-32。

表 6-32　金属板安装的允许偏差

项目类型	允许偏差/mm	检验方法
表面平整度	3	用 2m 靠尺、塞尺来检验
接缝高低差	1	用直尺、塞尺来检验
接缝宽度	1	用直尺来检验
接缝直线度	1	拉 5m 线，不足 5m 拉通线，用直尺来检验
立面垂直度	2	用 2m 垂直检测尺来检验
墙裙、勒脚上口直线度	2	拉 5m 线，不足 5m 拉通线，用直尺来检验
阴阳角方正	3	用直角检测尺检验

6.6 吊顶工程

6.6.1 纸面石膏板、木质饰面板吊顶工程安装的允许偏差

纸面石膏板、木质饰面板吊顶工程安装的允许偏差见表 6-33。

表 6-33 纸面石膏板、木质饰面板吊顶工程安装的允许偏差

项目类型	纸面石膏板允许偏差/mm	木质饰面板允许偏差/mm	检验方法
表面平整度	2	2	用 2m 靠尺、塞尺来检验
缝格、凹槽平直度	2	2	拉 5m 线（不足 5m 拉通线），用尺来检验
接缝高低差	0.5	0.5	用直尺、塞尺来检验
收口线高低差	—	3	用水准仪或尺来检验
压条间距	—	2	用尺来检验
压条平直度	—	2	拉 5m 线（不足 5m 拉通线），用尺来检验

6.6.2 纤维类块材饰面板吊顶工程安装的允许偏差

纤维类块材饰面板吊顶工程安装的允许偏差见表 6-34。

表 6-34 纤维类块材饰面板吊顶工程安装的允许偏差

项目类型	矿棉吸声板允许偏差/mm	木质纤维板允许偏差/mm	玻璃棉板允许偏差/mm	检验方法
表面平整度	2	2	2	用 2m 靠尺、塞尺来检验

续表

项目类型	矿棉吸声板允许偏差/mm	木质纤维板允许偏差/mm	玻璃棉板允许偏差/mm	检验方法
接缝高低差	0.5	—	—	用直尺、塞尺来检验
接缝平直度	1	2	1	拉5m线（不足5m拉通线），用尺来检验
收口线高低差	2	2	2	用水准仪或尺来检验
压条间距	1	—	—	用尺来检验
压条平直度	2	—	—	拉5m线（不足5m拉通线），用尺来检验

6.6.3 玻璃吊顶工程安装的允许偏差

玻璃吊顶工程安装的允许偏差见表6-35。

表6-35 玻璃吊顶工程安装的允许偏差

项目类型	允许偏差/mm	检验方法
表面平整度	1.5	用2m靠尺、塞尺来检验
接缝高低差	0.5	用直尺、塞尺来检验
接缝平直度	1	拉5m线（不足5m拉通线），用尺来检验
四周水平线	2	用尺来检验
压条平直度	2	拉5m线（不足5m拉通线），用尺来检验

6.6.4 石材吊顶工程安装的允许偏差

石材吊顶工程安装的允许偏差见表6-36。

表6-36 石材吊顶工程安装的允许偏差

项目类型	允许偏差/mm	检验方法
表面平整度	1.5	用2m靠尺、塞尺来检验

续表

项目类型	允许偏差/mm	检验方法
接缝高低差	0.5	用直尺、塞尺来检验
接缝平直度	1	拉 5m 线（不足 5m 拉通线），用尺来检验
四周水平线	2	用尺来检验

6.6.5 金属板吊顶工程安装的允许偏差

金属板吊顶工程安装的允许偏差见表 6-37。

表 6-37 金属板吊顶工程安装的允许偏差

项目类型	允许偏差/mm	检验方法
表面平整度	1.5	用 2m 靠尺、塞尺来检验
分格线平直度	1	拉 5m 线（不足 5m 拉通线），用尺来检验
接缝高低差	0.5	用直尺、塞尺来检验
接缝平直度	1.5	拉 5m 线（不足 5m 拉通线），用尺来检验

6.6.6 格栅吊顶工程安装的允许偏差

格栅吊顶工程安装的允许偏差见表 6-38。

表 6-38 格栅吊顶工程安装的允许偏差

项目类型	允许偏差/mm	检验方法
表面平整度	2	用 2m 靠尺、塞尺来检验
顶棚四周平直度	3	拉 5m 线（不足 5m 拉通线），用尺来检验
分格间距	1.5	用尺来检验
分格线平直度	2	拉 5m 线（不足 5m 拉通线），用尺来检验
接缝高低差	0.5	用直尺、塞尺来检验

6.7 面层工程

6.7.1 木地板面层铺设允许偏差

木地板面层铺设允许偏差见表 6-39。

表 6-39　木地板面层铺设允许偏差

项目类型	实木地板——松木地板允许偏差/mm	实木地板——硬木地板允许偏差/mm	实木地板——拼花地板允许偏差/mm	复合地板允许偏差/mm	检验方法
板面缝隙宽度	1	0.3	0.1	0.1	用直尺来检验
板面拼缝平直	2	1	1	1	拉 5m 线，不足 5m 拉通线，用直尺来检验
表面平整度	2	1	1	1	用 2m 靠尺、塞尺来检验
接缝高低差	0.3	0.3	0.3	0.3	用直尺、塞尺来检验
踢脚线上口平齐	2	2	2	2	拉 5m 线，不足 5m 拉通线，用直尺来检验
踢脚线与面层的接缝	1	1	1	1	用塞尺来检验

6.7.2 板块地面面层的允许偏差

板块地面面层的允许偏差见表 6-40。

表 6-40 板块地面面层的允许偏差

项目类型	陶瓷锦砖、陶瓷地砖面层允许偏差/mm	大理石、花岗石面层允许偏差/mm	碎拼大理石、碎拼花岗石面层允许偏差/mm	塑料板面层允许偏差/mm	活动地板面层允许偏差/mm	检验方法
板块间隙宽度	2	1	—	—	0.2	用直尺来检验
表面平整度	1.5	1	2	2	1.5	用 2m 靠尺、塞尺来检验
缝格平直度	2	0.5	—	1	2	拉 5m 线,用直尺来检验
接缝高低差	0.5	0.5	—	0.5	0.2	用直尺、塞尺来检验
踢脚线上口平直	2	1	1	2	—	拉 5m 线、用直尺来检验

6.7.3 楼梯踏步面层镶嵌的允许偏差

楼梯踏步面层镶嵌的允许偏差见表 6-41。

表 6-41 楼梯踏步面层镶嵌的允许偏差

项目类型	砖面层允许偏差/mm	光镜面允许偏差/mm	麻条面石、火烧石允许偏差/mm	检验方法
表面平整度	1.5	1	1	用靠尺、塞尺来检验
立面板垂直度	0.5	0.5	0.5	用方尺、塞尺来检验
楼层梯段相邻踏步高度差	10	10	10	用直尺来检验
每踏步两端高度差	10	10	10	用直尺来检验
平面倾斜要求	2	0.5	1	用水平尺来检验

6.7.4　内墙饰面砖粘贴允许偏差

内墙饰面砖粘贴允许偏差见表 6-42。

表 6-42　内墙饰面砖粘贴允许偏差

项目类型	允许偏差/mm	检验方法
表面平整度	3	用 2m 靠尺、塞尺来检验
接缝高低差	0.5	用直尺、塞尺来检验
接缝宽度	1	用直尺来检验
接缝直线度	2	拉 5m 线，不足 5m 拉通线，用直尺来检验
立面垂直度	2	用 2m 垂直检测尺来检验
墙裙、踢脚线、贴脸等突出墙面的厚度	3	用 2m 靠尺、塞尺来检验
墙裙、踢脚线、贴脸上口平直度	2	拉 5m 线，不足 5m 拉通线，用直尺来检验
阴阳角方正	3	用直角检测尺来检验

6.7.5　变形缝面层制作与安装工程的允许偏差

变形缝面层制作与安装工程的允许偏差见表 6-43。

表 6-43　变形缝面层制作与安装工程的允许偏差

项目类型	石材允许偏差/mm	瓷砖允许偏差/mm	塑料允许偏差/mm	金属允许偏差/mm	木材允许偏差/mm	检验方法
表面平整度	2	2	1.5	1.5	1	用 2m 靠尺、塞尺来检验
接缝宽度差	1	1	1	1	1	用直尺来检验
接缝直线度	2	1.5	1	1	1	用直尺来检验

6.8 采光顶与屋面工程

6.8.1 点支承采光顶安装允许偏差

点支承采光顶安装允许偏差见表 6-44。

表 6-44 点支承采光顶安装允许偏差

项目类型	允许偏差/mm	检验方法
玻璃间接缝宽度（与设计值比较）	±2	用卡尺来检验
采光顶坡度（30m＜接缝长度≤60m）	10	用经纬仪来检验
采光顶坡度（接缝长度＞60m）	20	用经纬仪来检验
采光顶坡度（接缝长度≤30m）	10	用经纬仪来检验
水平通长接缝吻合度（30m＜接缝总长度≤60m）	10	用水准仪、经纬仪来检验
水平通长接缝吻合度（接缝长度＞60m）	15	用水准仪、经纬仪来检验
水平通长接缝吻合度（接缝总长度≤30m）	10	用水准仪、经纬仪来检验
相邻面板的接缝直线度	2.5	用2m靠尺、金属直尺来检验
相邻面板的平面高低差	±2.5	用2m靠尺、金属直尺来检验

6.8.2 采光顶工程框支承采光顶框架构件安装的允许偏差

采光顶工程框支承采光顶框架构件安装的允许偏差见表 6-45。

表 6-45　采光顶工程框支承采光顶框架构件安装的允许偏差

项目类型	允许偏差/mm	检验方法
采光顶坡度（30m＜坡起长度≤60m）	10	用水准仪、经纬仪来检验
采光顶坡度（60m＜坡起长度≤90m）	15	用水准仪、经纬仪来检验
采光顶坡度（坡起长度＞90m）	20	用水准仪、经纬仪来检验
采光顶坡度（坡起长度≤30m）	10	用水准仪、经纬仪来检验
单一纵向或横向构件直线度（长度＞2000mm）	3	用水平仪来检验
单一纵向或横向构件直线度（长度≤2000mm）	2	用水平仪来检验
水平通长构件吻合度（30m＜构件总长度≤60m）	10	用水准仪、经纬仪来检验
水平通长构件吻合度（60m＜构件总长度≤90m）	15	用水准仪、经纬仪来检验
水平通长构件吻合度（构件总长度＞90m）	20	用水准仪、经纬仪来检验
水平通长构件吻合度（构件总长度≤30m）	10	用水准仪、经纬仪来检验
相邻构件的位置差	1	用2m靠尺、塞尺来检验
纵向通长或横向通长构件的直线度（构件长度＞35m）	7	用水平仪来检验
纵向通长或横向通长构件的直线度（构件长度≤35m）	5	用水平仪来检验

6.8.3　采光顶工程框支承隐框采光顶框架构件安装的允许偏差

采光顶工程框支承隐框采光顶框架构件安装的允许偏差见表 6-46。

表 6-46　采光顶工程框支承隐框采光顶框架构件安装的允许偏差

项目类型	允许偏差/mm	检验方法
玻璃间接缝宽度（与设计值比较）	±2	用卡尺来检验

续表

项目类型	允许偏差/mm	检验方法
相邻面板的接缝直线度	2.5	用 2m 靠尺、金属直尺检验
纵向通长或横向通长的接缝直线度（接缝长度＞35mm）	7	用经纬仪来检验
纵向通长或横向通长的接缝直线度（接缝长度≤35mm）	5	用经纬仪来检验

6.8.4 金属平板屋面安装的允许偏差

金属平板屋面安装的允许偏差见表 6-47。

表 6-47 金属平板屋面安装的允许偏差

项目类型	允许偏差/mm	检验方法
水平通长接缝的吻合度（60m＜接缝长度≤150m）	15	用水准仪、经纬仪来检验
水平通长接缝的吻合度（接缝长度＞150m）	20	用水准仪、经纬仪来检验
通长纵缝或横缝的直线度（纵向和横向长度≤35m）	5	用经纬仪来检验
通长纵缝或横缝的直线度（纵向和横向长度＞35m）	7	用经纬仪来检验
水平通长接缝的吻合度（30m＜接缝长度≤60m）	10	用水准仪、经纬仪来检验
金属屋面坡度（30m＜坡起长度≤60m）	10	用水准仪、经纬仪来检验
金属屋面坡度（60m＜坡起长度≤90m）	15	用水准仪、经纬仪来检验
金属屋面坡度（坡起长度＞90m）	20	用水准仪、经纬仪来检验
水平通长接缝的吻合度（接缝长度≤30m）	10	用水准仪、经纬仪来检验
金属屋面坡度（坡起长度≤30m）	10	用水准仪、经纬仪来检验

6.8.5　直立锁边式金属屋面面板安装的允许偏差

直立锁边式金属屋面面板安装的允许偏差见表 6-48。

表 6-48　直立锁边式金属屋面面板安装的允许偏差

项目类型	允许偏差/mm	检验方法
纵向通长构件的吻合度(构件长度≤35m)	5	用水准仪、经纬仪来检验
纵向通长构件的吻合度(构件长度＞35m)	7	用水准仪、经纬仪来检验
横向通长构件直线度(横向构件长度≤35m)	5	用经纬仪来检验
横向通长构件直线度(横向构件长度＞35m)	7	用经纬仪来检验
金属屋面坡度(坡起长度≤50m)	20	用水准仪、经纬仪来检验
金属屋面坡度(坡起长度＞50m)	30	用水准仪、经纬仪来检验

6.9　幕墙工程

6.9.1　单元式幕墙单元连接件安装的允许偏差

单元式幕墙单元连接件安装的允许偏差见表 6-49。

表 6-49　单元式幕墙单元连接件安装的允许偏差

项目类型	允许偏差/mm	检验方法
标高	±1(可上下调节时±2)	用水准仪来检验
垂直偏差(上、下两端点与垂线偏差)	±1	用金属直尺来检验
距安装轴线的水平距离	≤1	用金属直尺来检验

续表

项目类型	允许偏差/mm	检验方法
连接件两端点的平行度	≤1	用金属直尺来检验
两连接件连接点中心水平距离	±1	用金属直尺来检验
两连接件上、下端对角线差	≤1	用金属直尺来检验
相邻三连接件（上下、左右）偏差	±1	用金属直尺来检验

6.9.2 单元式幕墙安装的允许偏差

单元式幕墙安装的允许偏差见表 6-50。

表 6-50 单元式幕墙安装的允许偏差

项目类型	允许偏差/mm	检验方法
墙面平面度	2	用 2m 靠尺、塞尺来检验
竖缝直线度	2	用 2m 靠尺来检验
横缝直线度	2	用 2m 靠尺来检验
单元间接缝宽度（与设计值比较）	2	用金属直尺来检验
相邻两单元接缝面板高低差	1	用深度尺来检验
单元对插配合间隙（与设计值比较）	+1、0	用金属直尺来检验
单元对插搭接长度	1	用金属直尺来检验
幕墙垂直度（幕墙高度≤30m）	8	用经纬仪来检验
幕墙垂直度（30m< 幕墙高度≤60m）	10	用经纬仪来检验
幕墙垂直度（60m< 幕墙高度≤90m）	15	用经纬仪来检验
幕墙垂直度（90m<幕墙高度≤150m）	20	用经纬仪来检验
幕墙垂直度（幕墙高度>150m）	25	用经纬仪来检验

6.9.3 隐框、半隐框玻璃幕墙安装的允许偏差

隐框、半隐框玻璃幕墙安装的允许偏差见表 6-51。

表 6-51　隐框、半隐框玻璃幕墙安装的允许偏差

项目类型	允许偏差/mm	检验方法
幕墙表面平整度	2	用 2m 靠尺、塞尺来检验
板材立面垂直度	2	用 2m 靠尺、塞尺来检验
板材上沿水平度	2	用 2m 靠尺、塞尺来检验
相邻板材板角错位	1	目测
阳角方正	2	用直角检测尺来检验
接缝直线度	3	用 2m 靠尺、塞尺来检验
接缝高低差	1	用金属直尺来检验
接缝宽度	1	用金属直尺来检验
幕墙垂直度（幕墙高度≤30m）	8	用经纬仪来检验
幕墙垂直度（30m＜幕墙高度≤60m）	10	用经纬仪来检验
幕墙垂直度（60m＜幕墙高度≤90m）	15	用经纬仪来检验
幕墙垂直度（90m＜幕墙高度≤150m）	20	用经纬仪来检验
幕墙水平度（层高≤3m）	3	用水平仪来检验
幕墙水平度（层高＞3m）	5	用水平仪来检验

6.9.4　明框玻璃幕墙安装的允许偏差

明框玻璃幕墙安装的允许偏差见表 6-52。

表 6-52　明框玻璃幕墙安装的允许偏差

项目类型	允许偏差/mm	检验方法
分格框对角线长度差（对角线长度＞2m）	4	用金属直尺来检验
分格框对角线长度差（对角线长度≤2m）	3	用金属直尺来检验
构件水平度（构件长度＞2m）	2.5	用水平仪来检验
构件水平度（构件长度≤2m）	2	用水平仪来检验
构件直线度	2	用 2m 靠尺、塞尺来检验
幕墙垂直度（幕墙高度≤30m）	10	用经纬仪来检验

项目类型	允许偏差/mm	检验方法
幕墙垂直度（30m<幕墙高度≤60m）	10	用经纬仪来检验
幕墙垂直度（60m<幕墙高度≤90m）	15	用经纬仪来检验
幕墙垂直度（幕墙高度>90m）	20	用经纬仪来检验
幕墙水平度（幕墙幅宽>35m）	7	用水平仪来检验
幕墙水平度（幕墙幅宽≤35m）	5	用水平仪来检验
相邻构件错位	1	用金属直尺来检验

6.9.5　点支承玻璃幕墙支承结构安装允许偏差

点支承玻璃幕墙支承结构安装的允许偏差见表 6-53。

表 6-53　点支承玻璃幕墙支承结构安装允许偏差

名称	允许偏差/mm
单个分格爪座对角线差	4
同层高度内爪座高低差（间距不大于 35m）	5
同层高度内爪座高低差（间距大于 35m）	7
相邻两竖向构件间距	±2.5
相邻两爪座垂直间距	±2
相邻两爪座水平高低差	1.5
相邻两爪座水平间距、竖向距离	±1.5
相邻三竖向构件外表面平面度	5
爪座端面平面度	6
爪座水平度	2

6.9.6　点支承玻璃幕墙玻璃面板安装质量允许偏差

点支承玻璃幕墙玻璃面板安装质量允许偏差见表 6-54。

表 6-54　点支承玻璃幕墙玻璃面板安装质量允许偏差

项目类型	允许偏差/mm	检验方法
玻璃外表面垂直接缝偏差（幕墙高度＞20m）	5	用金属直尺来检验
玻璃外表面垂直接缝偏差（幕墙高度≤20m）	3	用金属直尺来检验
玻璃外表面平整度（幕墙高度＞20m）	6	用激光仪来检验
玻璃外表面平整度（幕墙高度≤20m）	4	用激光仪来检验
玻璃外表面水平接缝偏差（长度＞20m）	5	用金属直尺来检验
玻璃外表面水平接缝偏差（长度≤20m）	3	用金属直尺来检验
胶缝宽度（与设计值比较）	±1.5	用金属直尺来检验
上下两玻璃接缝垂直偏差	1	用 2m 靠尺来检验
相邻两玻璃面接缝高低差	1	用 2m 靠尺来检验
左右两玻璃接缝水平偏差	1	用 2m 靠尺来检验

6.9.7　点支承玻璃幕墙安装的允许偏差

点支承玻璃幕墙安装的允许偏差见表 6-55。

表 6-55　点支承玻璃幕墙安装的允许偏差

项目类型	允许偏差/mm	检验方法
平面度	2.5	用 2m 靠尺、金属直尺来检验
接缝直线度	2.5	用 2m 靠尺、金属直尺来检验
接缝宽度	2	用卡尺来检验
接缝高低差	1	用直尺、塞尺来检验
竖缝、墙面垂直度（30＜幕墙高度≤50）	10	用激光仪或经纬仪来检验
竖缝、墙面垂直度（幕墙高度≤30m）	8	用激光仪或经纬仪来检验

6.9.8　全玻璃幕墙施工允许偏差

全玻璃幕墙施工允许偏差见表 6-56。

表 6-56 全玻璃幕墙施工允许偏差

项目类型	允许偏差/mm	检验方法
玻璃面板与肋板夹角与设计值偏差/(°)	≤1	用量角器来检验
横缝的直线度/mm	2	用 2m 靠尺、金属直尺来检验
两相邻面板之间的高低差/mm	1	用深度尺来检验
幕墙垂直度（幕墙高度≤30m）/mm	5	用激光仪、经纬仪来检验
幕墙垂直度（30m＜幕墙高度≤60m）/mm	7	用激光仪、经纬仪来检验
幕墙垂直度（60m＜幕墙高度≤90m）/mm	15	用激光仪、经纬仪来检验
幕墙垂直度（幕墙高度＞90m）/mm	20	用激光仪、经纬仪来检验
幕墙的平面度/mm	2	用 2m 靠尺、金属直尺来检验
竖缝的直线度/mm	2	用 2m 靠尺、金属直尺来检验
线缝宽度（与设计值比较）/mm	±2	用卡尺来检验

6.9.9 陶板幕墙安装的允许偏差

陶板幕墙安装的允许偏差见表 6-57。

表 6-57 陶板幕墙安装的允许偏差

项目类型	光面允许偏差/mm	麻面允许偏差/mm	检验方法
幕墙水平度	3	3	用水平仪来检验
幕墙表面平整度	2	2	用 2m 靠尺、塞尺来检验
板材立面垂直度	2	2	用 2m 靠尺、塞尺来检验
板材上沿水平度	2	2	用 2m 靠尺、塞尺来检验
相邻板材板角错位	2	3	用目测

续表

项目类型	光面允许偏差/mm	麻面允许偏差/mm	检验方法
阳角方正	2	4	用直角检测尺来检验
接缝直线度	3	4	用 2m 靠尺、塞尺来检验
接缝高低差	1	—	用金属直尺来检验
接缝宽度	1	2	用金属直尺来检验
幕墙垂直度（幕墙总高度≤30m）	8	8	用经纬仪来检验
幕墙垂直度（30m＜幕墙总高度≤60m）	10	10	用经纬仪来检验
幕墙垂直度（60m＜幕墙总高度≤90m）	15	15	用经纬仪来检验
幕墙垂直度（幕墙总高度≥90m）	20	20	用经纬仪来检验

6.9.10 石材幕墙安装的允许偏差

石材幕墙安装的允许偏差见表 6-58。

表 6-58 石材幕墙安装的允许偏差

项目类型	允许偏差/mm	检验方法
立柱、竖缝直线度	3	用 2m 靠尺、塞尺来检验
横向板材水平度（≤2000mm）	2	用水平仪来检验
横向板材水平度（＞2000mm）	3	用水平仪来检验
同高度两相邻横向构件高度差	1	用金属直尺、塞尺来检验
分格框对角线差（分格框的长边长度≤2000mm）	2	用对角线尺、3m 钢卷尺来检验
分格框对角线差（分格框的长边长度＞2000mm）	2.5	用对角线尺、3m 钢卷尺来检验

续表

项目类型	允许偏差/mm	检验方法
幕墙水平度（层高）	2	用2m靠尺、金属直尺来检验
竖缝直线度（层高）	2.5	用2m靠尺、金属直尺来检验
横缝直线度（层高）	2.5	用2m靠尺、金属直尺来检验
缝宽度（与设计值比较）	±2	用卡尺来检验
幕墙垂直度（30m<幕墙高度≤60m）	10	用经纬仪来检验
幕墙垂直度（60m<幕墙高度≤90m）	15	用经纬仪检验
幕墙垂直度（幕墙高度>90m）	20	用经纬仪来检验
幕墙横向水平度（层高≤3m）	3	用水平仪来检验
幕墙横向水平度（层高>3m）	5	用水平仪来检验
竖缝、墙面垂直缝垂直度（层高≤3m）	2	用经纬仪来检验
竖缝、墙面垂直缝垂直度（层高>3m）	3	用经纬仪来检验
幕墙垂直度（幕墙高度≤30m）	8	用经纬仪来检验

6.9.11 金属板幕墙安装的允许偏差

金属板幕墙安装的允许偏差见表6-59。

表6-59 金属板幕墙安装的允许偏差

项目类型	允许偏差/mm	检验方法
立柱、竖缝直线度	3	用2m靠尺、塞尺来检验
横向板材水平度（≤2000mm）	2	用水平仪来检验
横向板材水平度（>2000mm）	3	用水平仪来检验
同高度两相邻横向构件高度差	1	用金属直尺、塞尺来检验
分格框对角线差（分格框的长边长度≤2000mm）	2	用对角线尺、3m钢卷尺来检验

项目类型	允许偏差/mm	检验方法
分格框对角线差（分格框的长边长度＞2000mm）	2.5	用对角线尺、3m 钢卷尺来检验
幕墙水平度（层高）	2	用 2m 靠尺、金属直尺来检验
竖缝直线度（层高）	2.5	用 2m 靠尺、金属直尺来检验
横缝直线度（层高）	2.5	用 2m 靠尺、金属直尺来检验
缝宽度（与设计值比较）	±2	用卡尺来检验
幕墙垂直度（30m＜幕墙总高度≤60m）	10	用经纬仪来检验
幕墙垂直度（60m＜幕墙总高度≤90m）	15	用经纬仪来检验
幕墙垂直度（幕墙总高度＞90m）	20	用经纬仪来检验
幕墙横向水平度（层高≤3m）	3	用水平仪来检验
幕墙横向水平度（层高＞3m）	5	用水平仪来检验
竖缝、墙面垂直缝垂直度（层高≤3m）	2	用经纬仪来检验
竖缝、墙面垂直缝垂直度（层高＞3m）	3	用经纬仪来检验
幕墙垂直度（幕墙总高度≤30m）	8	用经纬仪来检验

6.10 仿古建工程

6.10.1 仿古建工程异形砌体的允许偏差

仿古建工程异形砌体的允许偏差见表 6-60。

表 6-60　仿古建工程异形砌体的允许偏差

项目类型	细作允许偏差/mm	灰砌糙砖允许偏差/mm	检验方法
博缝、砖券或曲檐砖底棱错缝	1	2	比较相邻两块砖的错缝程度，抽查经目测的最大偏差处
出檐直顺度	3	5	拉 3mm 线、尺来检验
直檐砖底棱平直度	2	5	拉 3mm 线、尺来检验

6.10.2　仿古建工程干摆、丝缝墙的允许偏差

仿古建工程干摆、丝缝墙的允许偏差见表 6-61。

表 6-61　仿古建工程干摆、丝缝墙的允许偏差

项目类型	允许偏差/mm	检验方法
垂直度	3	用经纬仪、吊线、尺来检验
顶面标高	±8	用水准仪、拉线、尺来检验
干摆墙相邻砖出进错缝	0.5	短平尺贴于表面，可以用塞尺检查，抽查经目测的最大偏差处
灰缝平直度（2m 内）	2	拉通线、用尺来检验
灰缝平直度（2m 外）	3	拉 5m 线（不足 5m 拉通线），用尺来检验
平整度	3	用 2m 靠尺、塞尺来检验
丝缝墙灰缝厚（3～4mm）	1	抽查经目测的最大灰缝，用尺来检验
丝缝墙面游丁走缝（2m 以下）	4	以底层第一皮砖为准，可以用吊线、尺来检验
丝缝墙面游丁走缝（5m 以下）	6	以底层第一皮砖为准，可以用吊线、尺来检验
轴线位移	5	与图示尺寸比较，可以用经纬仪、拉线、尺来检验

6.10.3　仿古建工程石砌体的允许偏差

仿古建工程石砌体的允许偏差见表 6-62。

表 6-62　仿古建工程石砌体的允许偏差

项目类型	细料石（方正石、条石）允许偏差/mm	虎皮石允许偏差/mm	检验方法
顶面标高	8	±15	用水准仪、尺来检验
墙面垂直度	5	10	吊线、尺来检验
墙面平整度	6	20	虎皮石可以用 2m 直尺平行靠墙，尺间拉 2m 线，用尺来检验 细料石可以用 2m 靠尺、塞尺来检验
水平灰缝平直度	3	—	拉 3m 线，用尺来检验
轴线位移	8	10	用经纬仪、拉线、尺来检验

6.10.4　仿古建工程摆砌花瓦的允许偏差

仿古建工程摆砌花瓦的允许偏差见表 6-63。

表 6-63　仿古建工程摆砌花瓦的允许偏差

项目类型	允许偏差/mm	检验方法
表面平整度	5	用 2m 靠尺、水平尺来检验
灰缝平直度（2m 内）	4	顺图案连续的方向拉线（3m 以外拉 3m 线），用尺量来检验 可以拉 3m 线，用尺量来检验
灰缝平直度（2m 外）	6	顺图案连续的方向拉线（3m 以外拉 3m 线），用尺来检验 可以拉 3m 线，用尺来检验

续表

项目类型	允许偏差/mm	检验方法
相邻瓦进出错缝	1	短平尺贴于高出的瓦表面，可以用塞尺来检验两瓦相邻处

6.10.5　仿古建工程琉璃饰面安装的允许偏差

仿古建工程琉璃饰面安装的允许偏差见表 6-64。

表 6-64　仿古建工程琉璃饰面安装的允许偏差

项目类型	允许偏差/mm	检验方法
顶面标高	8	用水准仪、拉线、尺来检验
灰缝厚度（面砖、花饰砖 3～4mm）	1	抽查经目测的最大偏差处，可以用尺来检验
灰缝厚度（卧砖墙 8～10mm）	2	检查 10 层砖累计数，与规定值相比
面砖等拼装墙面灰缝直顺度	3	拉 2m 线，用尺来检验
墙面垂直度	5	用吊线和尺来检验
墙面平整度	5	用 2m 靠尺、塞尺来检验
水平灰缝平直度（只检查卧砖墙，2m 内）	2	拉 2m 线，用尺来检验
水平灰缝平直度（只检查卧砖墙，2m 外）	4	拉 5m 线（不足 5m 拉通线），用尺来检验
卧砖墙游丁走缝（2m 以下）	5	以底层第一皮砖为准，可以用吊线、尺来检验
卧砖墙游丁走缝（5m 以下）	10	以底层第一皮砖为准，可以用吊线、尺来检验
相邻砖错缝（只检查面砖、花饰砖墙面）	3	抽查经目测的最大偏差处，可以用尺来检验
相邻砖高低差（只检查面砖、花饰砖墙面）	2	短平尺贴于高出的墙面，可以用塞尺来检验
轴线位移	5	与图示尺寸比较，用经纬仪、拉线、尺来检验

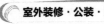

6.10.6　仿古建工程仿古面砖镶贴的允许偏差

仿古建工程仿古面砖镶贴的允许偏差见表 6-65。

表 6-65　仿古建工程仿古面砖镶贴的允许偏差

项目类型	允许偏差/mm	检验方法
表面垂直度	4	吊线、尺来检验
表面平整度	3	用 2m 靠尺、塞尺来检验
仿干摆墙相邻砖表面的高低差	0.5	短平尺贴于表面,可以用塞尺来检验,抽查目测的最大偏差处
仿丝缝墙灰缝厚度（3～4mm）	1	用尺来检验,抽查经目测的最大灰缝
仿丝缝墙面游丁走缝（2m 以下）	3	以底层第一皮砖为准,可以用吊线、尺来检验
仿丝缝墙面游丁走缝（5m 以下）	6	以底层第一皮砖为准,可以用吊线、尺来检验
水平灰缝平直度（2m 内）	2	拉 2m 线,用尺来检验
水平灰缝平直度（2m 外）	3	拉 5m 线（不足 5m 拉通线）,用尺来检验
相邻砖接缝高低差	1	抽查经目测的最大偏差处,可以用尺来检验
阳角方正	2	用方尺、塞尺来检验

6.10.7　仿古建工程墙帽工程的允许偏差

仿古建工程墙帽工程的允许偏差见表 6-66。

表 6-66　仿古建工程墙帽工程的允许偏差

项目类型	抹灰墙帽允许偏差/mm	砖砌墙帽允许偏差/mm	检验方法
表面平整度	3	4	用 2m 靠尺水平方向贴于墙帽表面,用尺来检验

续表

项目类型	抹灰墙帽允许偏差/mm	砖砌墙帽允许偏差/mm	检验方法
顶部水平度（2m内）	2	3	拉2m线，用尺来检验
顶部水平度（2m外）	3	4	拉5m线，用尺来检验
灰缝宽度	—	2	抽查经目测的最大灰缝，可以用尺来检验，与平均值比较
相邻砖高低差	—	2	用短平尺贴于高出的砖表面，用塞尺来检验两砖相邻处

6.10.8 仿古建工程石构件安装的允许偏差

仿古建工程石构件安装的允许偏差见表6-67。

表6-67 仿古建工程石构件安装的允许偏差

项目类型	允许偏差/mm	检验方法
截头方正	2	用方尺套方（异形角度用活尺），尺端头偏差
石活与墙身进出错缝（只检查需要在同一平面的）	1	短平尺贴于石料表面，可以用塞尺来检验相邻处
台阶、阶条、地面等大面平整度	4	用1m靠尺、塞尺来检验
台明标高	5	用水准仪、尺来检验
外棱直顺度	3	拉3m线（不足3m拉通线），用尺来检验
相邻石出进错缝	1	短平尺贴于石料表面，可以用塞尺来检验相邻处
相邻石高低差	1	短平尺贴于石料表面，可以用塞尺来检验相邻处
轴线位移	3	用经纬仪、尺来检验
柱顶石标高	+3（负值不允许）	用水准仪、尺来检验
柱顶石水平程度	2	用水平尺、塞尺来检验

6.10.9　仿古建工程花罩安装的允许偏差

仿古建工程花罩安装的允许偏差见表 6-68。

表 6-68　仿古建工程花罩安装的允许偏差

项目类型	允许偏差/mm	检验方法
抱框柱子结合严密程度，局部缝隙大小不得超过的尺寸	1.5	观测或用楔形塞尺来检验
边框与抱框间缝隙不得超过的尺寸	1	观测或用楔形塞尺来检验

6.10.10　仿古建工程碧纱橱安装的允许偏差

仿古建工程碧纱橱安装的允许偏差见表 6-69。

表 6-69　仿古建工程碧纱橱安装的允许偏差

项目类型	允许偏差/mm	检验方法
抱框柱子结合，局部缝隙不得超过的尺寸	1.5	目测或用楔形塞尺来检验
缝隙自身大小应一致，两端大小相差不得超过的尺寸	1	目测或用尺来检验
抹头平齐跟线，错位不得超过的尺寸	1.5	目测或拉线尺来检验
扇活与扇活间缝隙均匀，缝隙大小相差不得超过的尺寸	1.5	目测或用尺来检验

6.10.11　仿古建工程天花、藻井安装允许偏差

仿古建工程天花、藻井安装允许的偏差见表 6-70。

表 6-70　仿古建工程天花、藻井安装允许偏差

项目类型	允许偏差/mm	检验方法
海墁天花起拱的要求	±10	与设计要求对照，以间为单位拉线尺来检验

续表

项目类型	允许偏差/mm	检验方法
井口天花安装支条直顺的要求	8	以间为单位拉线尺来检验
井口天花安装支条起拱的要求	±10	与设计要求对照，以间为单位拉线尺来检验

6.10.12 仿古建工程四道灰和麻布地仗的允许偏差

仿古建工程四道灰和麻布地仗的允许偏差见表 6-71。

表 6-71　仿古建工程四道灰和麻布地仗的允许偏差

项目类型	下架大木允许偏差/mm	板门、板墙、圈的允许偏差/mm	木装修允许偏差/mm	上架大木允许偏差/mm	检验方法
表面平整度	1.5	1.5	1.5	2	用1m靠尺、塞尺来检验
棱角方正	2	2	2	3	用直角检测尺来检验
线路宽窄度	±1	±1	±1	±1.5	用尺来检验
线路平直	2	2	2	3	拉2m线，不足2m拉通线，用尺来检验
阴阳角平直	2	2	2	3	拉2m线，不足2m拉通线，用尺来检验

6.10.13 仿古建工程直线沥粉允许偏差

仿古建工程直线沥粉允许偏差见表 6-72。

表 6-72　仿古建工程直线沥粉允许偏差

项目类型	允许偏差/mm	检验方法
沥大粉边线的平直度	±3	目测或用平尺来检验

续表

项目类型	允许偏差/mm	检验方法
沥小粉边线的宽度	±2	目测或用平尺来检验

6.10.14　仿古建工程刷饰色彩的允许偏差

仿古建工程刷饰色彩的允许偏差见表6-73。

表 6-73　仿古建工程刷饰色彩的允许偏差

项目类型	允许偏差/mm	检验方法
刷黄胶的宽度	±3	目测或用平尺来检验
刷大色的宽度	±3	目测或用平尺来检验
刷小色及其他色的宽度	±2	目测或用平尺来检验

6.11 其他

6.11.1　护栏、扶手安装的允许偏差

护栏、扶手安装的允许偏差见表6-74。

表 6-74　护栏、扶手安装的允许偏差

项目类型	允许偏差/mm	检验方法
扶手高度差	+6, 0	用尺来检验
扶手直顺度	3	拉通线、用尺来检验
护栏垂直度	2	吊线、用尺来检验
立杆间距	0, −6	用尺来检验

6.11.2 装饰线、花饰安装的允许偏差

装饰线、花饰安装的允许偏差见表 6-75。

表 6-75 装饰线、花饰安装的允许偏差

项目类型	允许偏差/mm	检验方法
单独花饰中心位置的偏移	3	拉线、用尺来检验
装饰线、花饰拼接错台的错缝	0.5	用直尺、塞尺来检验
装饰线、条形花饰的水平度或垂直度（每 m）	1	拉线、用尺和 1m 垂直检测尺来检验
装饰线、条形花饰的水平度或垂直度（全长）	2	拉线、用尺和 1m 垂直检测尺来检验

6.11.3 检修口安装工程的允许偏差

检修口安装工程的允许偏差见表 6-76。

表 6-76 检修口安装工程的允许偏差

项目类型	石膏板允许偏差/mm	石材允许偏差/mm	瓷砖允许偏差/mm	木材允许偏差/mm	金属板允许偏差/mm	检验方法
表面平整度（<600mm）	1	1	1	1	1	用靠尺、塞尺来检验
表面平整度（≥600mm）	1.5	2	1.5	1.5	1.5	用靠尺、塞尺来检验
对角线长度（<600mm）	1	2	2	1	1	用直尺来检验
对角线长度（≥600mm）	2	3	3	2	2	用直尺来检验
接缝高低差	0.5	1	0.5	0.5	0.5	用直尺、塞尺来检验

续表

项目类型	石膏板允许偏差/mm	石材允许偏差/mm	瓷砖允许偏差/mm	木材允许偏差/mm	金属板允许偏差/mm	检验方法
接缝宽度差	1	1	1	1	1	用直尺来检验

6.11.4 软包工程安装的允许偏差

软包工程安装的允许偏差见表 6-77。

表 6-77 软包工程安装的允许偏差

项目类型	允许偏差/mm	检验方法
边框的宽度和高度	0、−2	用直尺来检验
裁口、线条接缝的高低差	1	用直尺、塞尺来检验
对角线的长度差	3	用直尺来检验
立面的垂直度	3	用1m垂直检测尺来检验

6.11.5 民用建筑室内环境污染物的检查

民用建筑室内环境污染物的检查要求（污染物浓度限量）见表 6-78。民用建筑室内环境污染物的检测点数设置要求见表 6-79。

表 6-78 民用建筑室内环境污染物的检查要求（污染物浓度限量）

污染物	Ⅰ类民用建筑工程	Ⅱ类民用建筑工程
苯/(mg/m^3)	≤0.09	≤0.09
氨/(mg/m^3)	≤0.2	≤0.2
TVOC/(mg/m^3)	≤0.5	≤0.6
氡/(Bq/m^3)	≤200	≤400
甲醛/(mg/m^3)	≤0.08	≤0.1

表 6-79　民用建筑室内环境污染物的检测点数设置要求

房间使用面积/m²	检测点数/个
≥100，且＜500	≥3
≥500，且＜1000	≥5
≥1000，且＜3000	≥6
≥3000	每 1000m²≥3
＜50	1
≥50，且＜100	2

部分参考文献

［1］GB 4452—2011. 室外消火栓.

［2］CJJ 14—2016. 城市公共厕所设计标准.

［3］GB/T 8478—2008. 铝合金门窗.

［4］DB34/5076—2017. 公共建筑节能设计标准.

［5］DB11/T 1087—2014. 公共建筑装饰工程质量验收标准.

［6］DB32/T 2720—2014. 公共建筑集中空调通风系统卫生规范.

［7］JGJ 392—2016. 商店建筑电气设计规范.

［8］JGJ 310—2013. 教育建筑电气设计规范.

［9］JGJ/T 41— 2014. 文化馆建筑设计规范.

［10］JGJ 66—2015. 博物馆建筑设计规范.

［11］JGJ 333—2014. 会展建筑电气设计规范.

［12］建标 175—2016. 幼儿园建设标准.

［13］JGJ 31—2003. 体育建筑设计规范.

［14］JGJ/T 280—2012. 中小学校体育设施技术规程.

［15］JGJ 48—2014. 商店建筑设计规范.

［16］DBJ 50-054—2013. 大型商业建筑设计防火规范.